Python 程序设计基础与应用

主　编　胡晓辉　肖新元　朱　凡
副主编　胡星彤　赵　頔　罗　阳　万长征

U0234430

北京理工大学出版社
BEIJING INSTITUTE OF TECHNOLOGY PRESS

内 容 简 介

本书以项目为主线，以任务为导向，较为详细地介绍 Python 程序开发所必需的基础知识。全书共 10 个项目。前 8 个项目是 Python 程序设计基础，包括开发环境的配置、Python 语言的基本规范、分支和循环控制结构、四大典型的序列型结构、函数和模块的定义与使用、字符串和正则表达式的使用、Python 操作文件和目录、异常和断言、Python 面向对象的程序设计等；后 2 个项目主要介绍 Python 的 GUI 编程技术、数据库操作技术、多线程和网络编程。本书各个项目都包含课后习题，可帮助读者巩固项目所学的知识和技能。

本书可以作为计算机相关专业程序设计教材，也可作为中等职业学校、技工学校学习 Python 基础教材。

图书在版编目（CIP）数据

Python 程序设计基础与应用／胡晓辉，肖新元，朱凡主编． －－ 北京：北京理工大学出版社，2023.12

ISBN 978 - 7 - 5763 - 3074 - 8

Ⅰ．①P… Ⅱ．①胡… ②肖… ③朱… Ⅲ．①软件工具 - 程序设计 Ⅳ．①TP311.561

中国国家版本馆 CIP 数据核字（2023）第 213867 号

责任编辑：王玲玲　　文案编辑：王玲玲
责任校对：刘亚男　　责任印制：施胜娟

出版发行 / 北京理工大学出版社有限责任公司
社　　址 / 北京市丰台区四合庄路 6 号
邮　　编 / 100070
电　　话 / （010）68914026（教材售后服务热线）
　　　　　　（010）68944437（课件资源服务热线）
网　　址 / http://www.bitpress.com.cn

版 印 次 / 2023 年 12 月第 1 版第 1 次印刷
印　　刷 / 三河市天利华印刷装订有限公司
开　　本 / 787 mm×1092 mm　1/16
印　　张 / 15.25
字　　数 / 337 千字
定　　价 / 78.00 元

前 言

Python 的历史可以追溯到 1989 年，由 Guido van Rossum 创建。Python 的设计理念是"优雅、明确、简单"，强调代码可读性和易于维护。Python 是一种高级、解释性、面向对象的动态编程语言。Python 简单易学、语法优雅、代码简洁、可读性强。Python 拥有丰富的标准库和第三方库，可以实现各种功能，如图形界面开发、网络编程、数据库操作、数据分析和处理等。Python 还支持多种编程范式，如面向对象编程、函数式编程和命令式编程等。作为一种跨平台的编程语言，Python 程序可以在多个操作系统上运行，如 Windows、Linux、MacOS 等。同时，Python 也是一种开源的编程语言，拥有庞大的社区支持，开发者可以免费获取 Python 的源代码和相关工具。Python 语言广泛应用于 Web 开发、数据科学、人工智能、机器学习、网络爬虫、Web 应用开发、自动化测试等领域。

本书以项目和任务方式，从 Python 基础语法开始讲解，逐步深入探讨 Python 编程的各个方面，包括流程控制、函数、模块、面向对象编程、文件操作、网络编程、多线程编程、GUI 编程等内容。通过大量的任务式实例演示，帮助读者更加深入地理解 Python 的各种特性和用法，全部代码适用于 Python 3.8 及以上版本。各项目内容组织如下：

项目 1　认识 Python。包括 Python 语言简介、Python 3.8 安装，分别在 Windows 和 Linux 中安装和配置开发工具 PyCharm 社区版，并运行测试程序。

项目 2　Python 语言基础。包括 Python 编码规范、单行和多行注释、基本数据类型、运算符和表达式、系统内置函数等。

项目 3　流程控制。包括 if 分支结构，while、for 循环结构，break 和 continue 语句。

项目 4　典型数据结构。包括四大典型序列型数据结构：列表、元组、字典、集合。

项目 5　函数和模块。主要介绍函数、匿名函数和高阶函数的定义与使用，模块、包的定义与使用，系统标准模块库的使用。

项目 6　字符串和正则表达式。介绍了字符串的基本操作和常用方法、字符编码、正则表达式基本语法结构、实现正则表达式功能的 re 模块。

项目 7　文件操作。包括文件和目录的基本操作、文本文件和 csv 文件的读写、异常处理和断言。

项目 8　面向对象编程。内容包括类的定义和实例化对象、属性的定义和使用、类的继承和多态、迭代器和生成器的使用。

项目 9　Tkinter 界面编程。介绍了系统内置的用于 GUI 的库 Tkinter，包括主窗口对象和常用控件对象的创建和使用。

项目 10　高级应用。主要介绍 Python 常用的高级应用，包括 MySQL 数据库的基本 CRUD 语句结构、使用 pymysql 库操作 MySQL 数据库、多线程和网络编程。

本书不仅适合初学者，也适合有一定编程基础的读者进行进一步的学习和提高。希望通过本书的学习，读者能够掌握 Python 编程的基本技能，并能够应用 Python 解决实际问题。

目 录

项目 1

认识Python

Python 是一门易学、功能强大的高级程序设计语言，它支持在几乎所有的操作系统上运行，Python 语言具有简洁性、易读性以及可扩展性等特性，Python 提供了丰富的 API 和工具，以便程序员能够轻松地使用 C、C++ 来编写扩展模块。Python 编译器本身也可以被集成到其他需要脚本语言的程序内。因此，许多人把 Python 称为"胶水语言"。

本项目介绍 Python 的发展历史和版本，介绍其语言特点和应用领域，分别介绍 Python 在 Windows 和 Linux 环境中运行环境与开发环境的安装及配置。

项目任务

- 初识 Python
- 安装 Python 3.8
- 搭建集成开发环境

学习目标

- 了解 Python 的基本概况
- 熟悉安装和配置 Python 开发环境
- 搭建集成开发环境，编写 Python 程序

任务 1.1 初识 Python

Python 语言的语法简洁、开发效率高、功能强大，是一门较新的、面向对象的解释型编程语言，本任务将介绍 Python 的发展历史、语言特点及应用领域。

任务 1.1.1 Python 的发展历史

Python 的创始人为吉多·范罗苏姆（Guido van Rossum）。1989 年圣诞节期间，在阿姆斯特丹，吉多为了打发圣诞节的无趣，决心开发一个新的脚本解释程序，作为 ABC 语言的一种继承。Python（大蟒蛇的意思）这个名字是取自英国 20 世纪 70 年代首播的电视喜剧《蒙提·派森的飞行马戏团》（*Monty Python's Flying Circus*）。

1991 年年初公开发布了 Python 语言的第一个版本，1995 年，吉多在美国弗吉尼亚州的

国家创新研究公司（CNRI）继续他在 Python 上的工作，并在那里发布了该软件的多个版本。2000 年 10 月，吉多和 Python 核心开发团队转到 Zope 公司。2001 年，Python 软件基金会（PSF）成立，这是一个专为拥有 Python 相关知识产权而创建的非营利组织。Zope Corporation 现在是 PSF 的赞助成员。

Python 已经成为最受欢迎的程序设计语言之一。自从 2004 年以后，Python 的使用率呈线性增长。Python 2 于 2000 年 10 月 16 日发布，其中增加了许多新的特性。在 Python 2.0 向 3.0 迁移的过程中，Python 2.6 和 Python 2.7 作为过渡版本。Python 3 于 2008 年 12 月 3 日发布，不完全兼容 Python 2，使用 Python 2.x 编写的程序无法在 Python 3.0 上运行。2011 年 1 月，它被 TIOBE 编程语言排行榜评为 2010 年度语言。2017 年 7 月 20 日，IEEE Spectrum 杂志发布了第四届顶级编程语言交互排行榜，Python 语言在 2017 年编程语言排行榜上高居首位。

Python 官网（https://www.python.org/）同时发布 Python 2.x 和 Python 3.x 两个系列版本，Python 3.0 相对于 Python 2.0 是一个重大的版本升级，当前最新稳定版本是 3.10。Python 3.x 不兼容 2.x 版本，而且它们的扩展库存在巨大差别。官方在 2020 年 1 月开始停止了对 Python 2.x 的维护和支持，因此，本书所有程序代码和案例均采用 Python 3.8。

任务 1.1.2　Python 语言的特点

Python 是一门跨平台、开源、免费的解释型高级编程语言，是一门通用的编程语言。它支持将源代码编译成字节码，提高程序加载速度和增强代码安全性。它支持用 pyinstaller 等工具将 Python 源程序及其依赖库打包为各种平台支持的应用程序，无须安装 Python 运行环境，可直接运行。

它的主要特点有：

（1）简单优雅

Python 使用的关键字比较少，其语法结构中不再有"｛｝""begin""end"等标记。Python 开发者的哲学是"用一种方法，最好是只有一种方法来做一件事"，因此，它和拥有明显个人风格的其他语言很不一样。所谓 Python 格言，指在设计 Python 语言时，如果面临多种选择，Python 开发者一般会拒绝花哨的语法，而选择明确没有或者很少有歧义的语法，语句末尾也无须使用分号。Python 强制缩进，可以使用空格或者制表符来分隔代码块，更加容易阅读、学习和维护。

（2）开源免费

Python 是开源的，意味着它是免费的，目前有很多开放社区为用户提供了及时的技术支持及各种功能丰富的开源模块。Python 软件基金会管理 Python 语言。它是在 OSI 批准的开源许可下开发的，因此可以免费获得、使用和分发。

（3）解释性

Python 语言写的程序不需要编译成二进制代码，使用 Python 解释器从源代码运行程序。在计算机内部，Python 解释器把源代码转换成"字节码"的中间形式，然后再把它翻译成计算机使用的机器语言并运行。这使得使用 Python 更加简单。也使得 Python 程序更加易于移植。

（4）面向对象

Python 既支持面向过程的编程，也支持面向对象的编程。在 Python 中，函数、模块、数字、字符串都是对象，并且完全支持继承、重载、派生、多继承，有益于增强源代码的复用性。Python 语言取消了保护类型、抽象类和接口等元素，从而在一定程度上简化了面向对象编程过程。

（5）可扩展性

Python 提供了丰富的 API 和工具，以便程序员能够轻松地使用 C、C ++ 等语言来编写扩充模块。比如，如果需要一段关键代码运行得更快或者希望某些算法不公开，可以部分程序用 C 或 C ++ 编写，然后在 Python 程序中使用它们。

（6）具有丰富的库

Python 标准库很庞大，可以帮助处理各种工作，包括正则表达式、文档生成、单元测试、线程、数据库等。同时，拥有大量第三方支持库，如 NumPy、Pandas、Twisted、SciPy、Matplotlib 等，通过 pip 工具可直接下载安装。

（7）其他高级特性

Python 包含高级功能，如生成器和列表推导式，支持自动内存管理。Python 运行时才进行数据类型检查，即在变量赋值时，才确定变量的数据类型，不用事先给变量指定数据类型。称 Python 为动态语言。

任务 1.1.3　Python 的应用领域

Python 的应用领域非常广泛，几乎所有大中型互联网企业都在使用 Python 完成各种各样的任务，例如国外的 Google、YouTube、Dropbox，国内的百度、新浪、搜狐、腾讯、阿里、网易、淘宝、知乎、豆瓣、汽车之家、美团等。Python 语言的应用领域主要包括以下几个方面。

（1）Web 应用开发

在 Web 开发领域，Python 拥有很多免费数据函数库，随着 Python 的 Web 开发框架（如 Django、Flask、Web2py 等）逐渐成熟，程序员可以更轻松地开发和管理复杂的 Web 程序。国外采用 Python 开发的知名网站有 Quora、Pinterest、Instagram、Google、YouTube、Yahoo Maps、DropBox，国内有豆瓣、知乎、网易。

（2）自动化运维

Python 是运维工程师首选的编程语言，大多数 Linux 发行版以及 NetBSD、OpenBSD 和 Mac OS 都集成了 Python，可以在终端下直接运行 Python。Python 标准库中包含了多个可用来调用操作系统功能的库，如 pywin32 能够访问 Windows 的 COM 服务。通常情况下，Python 编写的系统管理脚本，无论是可读性还是性能、代码重用度以及扩展性方面，都优于普通的 shell 脚本。

（3）人工智能

当前人工智能领域无疑是非常热门的一个研究方向，而 Python 在人工智能领域内的机器学习、神经网络、深度学习等方面，都是主流的编程语言。目前优秀的人工智能学习框架如 Google 的 TensorFlow、Facebook 的 PyTorch 以及开源社区的 Keras 等，都是可以在 Python 中实现的。

（4）网络爬虫

在爬虫领域，Python 几乎是霸主地位，其将网络一切数据作为资源，通过自动化程序进行有针对性的数据采集以及处理。在技术层面上，Python 提供有很多服务于编写网络爬虫的工具，例如 Urllib、Selenium、BeautifulSoup 等，还提供了一个网络爬虫框架 Scrapy。

（5）数据计算

Python 语言广泛应用于科学计算领域，在数据计算分析、可视化方面有相当完善和优秀的库，例如 NumPy、SciPy、Matplotlib、pandas 等，可以满足 Python 程序员编写科学计算程序。自 1997 年起，NASA 就大量使用 Python 进行各种复杂的科学运算。

（6）游戏开发

在网络游戏开发中，很多游戏使用 C ++ 编写图形显示等高性能模块，而使用 Python 或者 Lua 编写游戏的逻辑、服务。Python 有很多应用，Python 比 Lua 有更高阶的抽象能力，可以用更少的代码描述游戏业务逻辑。

（7）云计算

云计算是未来发展的一大趋势，Python 是从事云计算工作需要掌握的一门编程语言，目前很火的云计算框架 OpenStack 就是用 Python 开发的。软件定义网络 SDN 的许多控制器是用 Python 编写的。

任务 1.2　安装 Python 3.8

Python 是跨平台的开发语言，支持 Windows、Linux、Mac OS 等多种平台，本任务分别演示在 Windows 和 Linux 环境下安装和配置 Python 3.8。

任务 1.2.1　在 Windows 环境下安装和配置 Python 3.8

Windows 下安装 Python 3.8：

（1）下载

通过链接 https://www. python. org/downloads/windows/可下载 Python 3.8.10，32 位文件名python － 3. 8. 10. exe，64 位文件名 python － 3. 8. 10 － amd64. exe，本书下载 64 位。

（2）安装

下载完毕即可进行安装。首先双击安装包，进行安装。

如图 1 － 1 所示，勾选 "Add Python 3.8 to PATH"，安装程序自动将 Python 安装目录添加到系统环境变量，缺省安装单击 "Install Now"，自定义安装则单击 "Customize installation"，自定义安装可自行决定安装哪些组件。这里采用缺省安装。安装成功提示界面如图 1 － 2 所示。

图 1 - 1　安装向导

图 1 - 2　安装成功

（3）验证

按住 Win + R 组合键，输入 cmd。单击"确定"按钮进入 CMD 界面。在命令提示符下，输入 python，出现图 1 - 3 所示结果，则表明 Python 已经安装成功。

```
C:\Users\Administrator>python
Python 3.8.10 (tags/v3.8.10:3d8993a, May  3 2021, 11:48:03) [MSC v.192
8 64 bit (AMD64)] on win32
Type "help", "copyright", "credits" or "license" for more information.
>>>
```

图 1 - 3　安装验证

任务 1.2.2　Linux 下安装 Python 3.8

Linux 平台下，Python 一般采用源码安装，3.8.10 版本的官方下载链接地址为 https://www.python.org/ftp/python/3.8.10/Python - 3.8.10.tgz。

（1）下载

Linux 使用 Ubuntu 16.04 发行版，使用如下命令下载：wget https://www.python.org/ftp/python/3.8.10/Python - 3.8.10.tgz，如图 1 - 4 所示。

图 1 – 4　下载 Python – 3.8.10.tgz

（2）编译和安装

复制文件到指定位置，解压文件，配置、编译和安装。源码需要编译、安装，因而需要较长时间。图 1 – 5 所示是复制文件到指定目录。

图 1 – 5　复制文件到/usr/local 目录

用命令 sudo tar – zxvf Python – 3.8.10.tgz 解压文件。

配置命令如图 1 – 6 所示。

图 1 – 6　配置

依次输入命令 sudo make 和 sudo make install 进行编译和安装。

（3）验证

Linux 发行版默认安装了 Python 2.7，Python 3.8 交互式命令改为 python3，如图 1 – 7 所示。

图 1 – 7　安装成功

任务1.3　搭建集成开发环境

在任务 1.2 中，完成了 Python 3 运行环境的安装和配置。接下来将介绍开发环境的搭建，Python 提供两种开发环境：交互式开发环境和集成开发环境，前者用于测试，后者用于生产。本任务将介绍两种开发环境下如何编写简单程序。

任务1.3.1　交互式开发环境

在命令行输入"python"进入交互式环境（如任务 1.2 中验证所示）。Windows 中运行

Python 官方提供的 IDLE 也可进入交互式环境，图 1 - 8 是 IDLE 的快捷方式，图 1 - 9 是交互环境。

图 1 - 8 IDLE 快捷方式

图 1 - 9 Python 交互环境

交互式开发环境，每次只能执行一条语句，普通语句（如定义变量、输入和输出）按一次 Enter 键执行，复合语句（如选择循环结构、定义类）按两次 Enter 键执行。

任务 1.3.2 集成开发环境

集成开发环境一般以文件形式保存和运行源代码。一款优秀的集成开发环境能够提供代码高亮、自动补齐、语法检查、调试等功能，可帮助快速编写代码。Python 的开发环境可以是轻量级的记事本、Notepad ++、Sublime、官方自带的 IDLE，还可以是重量级的 VS Code、PyCharm 工具。

任务 1.3.2

1. IDLE

接下来学习如何使用 IDLE 编写 Hello world 程序。在 IDLE 的菜单中，选择 "File"→"New File"，创建一个源文件，如图 1 - 10 所示。

图 1 - 10 IDLE 文件方式

编写完源代码后，选择 "File"→"Save" 或者 "Save As" 保存下来。注意：文件的扩展名是 ".py"。接下来按 F5 键或选择 "Run"→"Run Module" 运行程序，运行结果会显示到 IDLE 交互式窗口中，如图 1 - 11 所示。

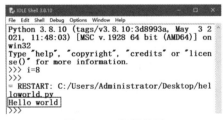

图 1 - 11 运行结果

2. PyCharm

PyCharm 是一款专门面向 Python 的全功能集成开发环境，它由捷克 JetBrains 软件公司开发，提供三个版本：社区版、教育版、专业版，其中社区版免费开放，本书集成开发环境采用 PyCharm 社区版。

1）Windows 下安装和使用 PyCharm

（1）下载

在 https：//www. jetbrains. com/pycharm/download/other. html 中下载 2021. 3. 3 社区版，如图 1 - 12 所示。

图 1 - 12   下载社区版

（2）安装

双击安装包，进入安装 PyCharm 2021. 3. 3 向导，如图 1 - 13 所示。其中，单击"Browse"按钮可修改软件的安装位置。

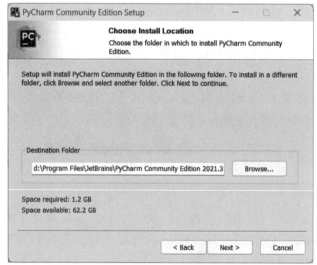

图 1 - 13   安装向导

（3）配置和运行

首次运行需勾选"确认开发团队的许可协议"。接下来可通过"Customize"选择主题，如图 1 - 14 所示。前两个是亮色调，后两个是暗色调。

回到"Projects"上，单击"New Project"按钮，开始创建一个新的工程。新建工程本质上是创建一个目录及工程的运行环境。

如图 1 - 15 所示，Python 解释器有两种选择：一是"New environment using"，这种方式会将"Base interpreter"的 Python 运行环境复制到此工程目录中；二是"Previously configured interpreter"，这种方式使用指定的解释器环境来运行程序。建议使用第二种方式。如果第二种方式的解释器为空白，单击其右侧的"…"按钮，弹出如图 1 - 16 所示对话框，选择 Python 解释器全路径。

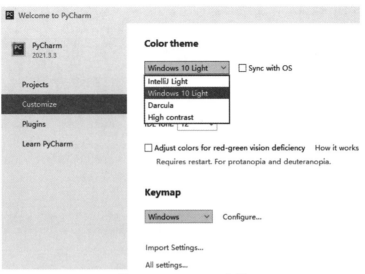

图 1 – 14　PyCharm 主题

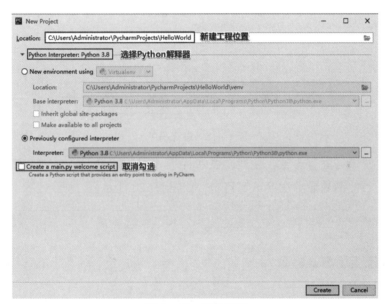

图 1 – 15　新建工程

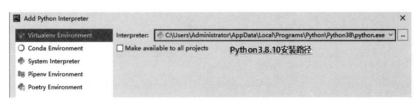

图 1 – 16　配置虚拟运行环境

在工程目录上右击，新建一个 Python 文件：helloworld. py，如图 1 – 17 所示。

在 helloworld. py 文件中写入代码"print("Hello world")"。然后在文件空白处右击，选择"Run 'helloworld'"，如图 1 – 18 所示。

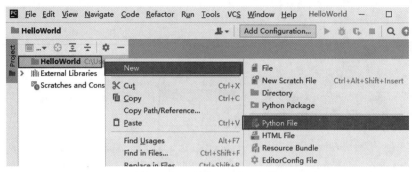

图 1 - 17　新建 Python 文件

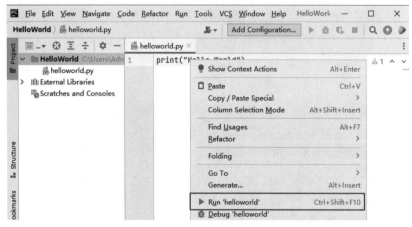

图 1 - 18　运行程序

系统自动生成运行配置参数，主要包括程序源代码脚本和 Python 解释器，如图 1 - 19 所示。同时，运行的结果显示在 Run 窗口中，如图 1 - 20 所示。

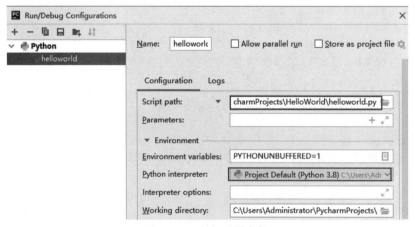

图 1 - 19　运行配置参数

以上演示了在 Windows 环境下，使用 PyCharm 集成开发工具编辑和运行 Python 源程序的过程。

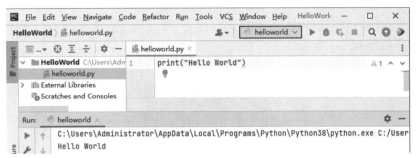

图 1 - 20　运行结果

2）Linux 下安装和使用 PyCharm

这里使用 Linux 发行版 Ubuntu 16.04。

（1）下载

下载 pycharm - community - 2021. 3. 3. tar. gz，如图 1 - 21 所示。

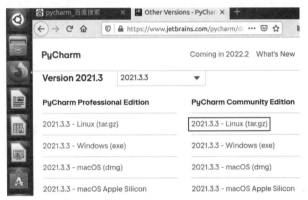

图 1 - 21　下载 PyCharm 2021. 3. 3

（2）安装

首先解压缩（提取）到当前位置，如图 1 - 22 所示。

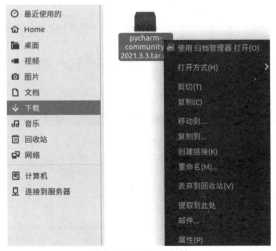

图 1 - 22　解压文件

然后进入 pycharm – community – 2021.3.3\bin 目录中，有个名称为 pycharm. sh 的文件，需在终端中用 sh 命令执行此脚本来安装 PyCharm。在该目录空白处右击，选择"在终端打开"，如图 1 – 23 和图 1 – 24 所示。

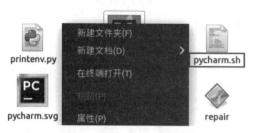

图 1 – 23   打开终端

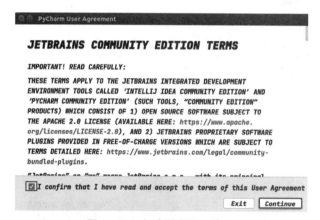

图 1 – 24   开始安装

然后勾选同意许可协议，如图 1 – 25 所示。接下来的安装、配置和运行过程与在 Windows 下一致，这里不再赘述。

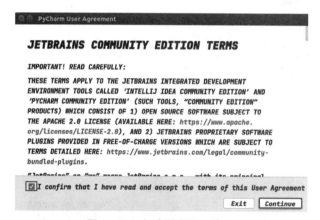

图 1 – 25   勾选同意许可协议

图 1 – 26 所示是在 Linux 下配置 PyCharm 的主题。

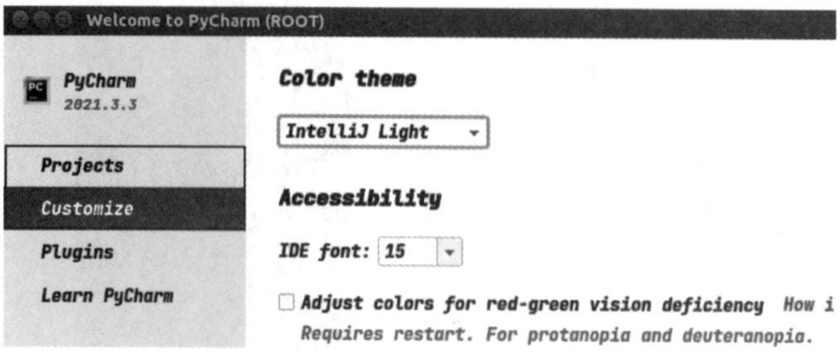

图 1 – 26   PyCharm 安装过程

项目小结

本项目中，通过对 Python 的发展历史、主要版本、语言特点、应用领域的学习，初步了解 Python 的基本概况，较为详细地演示了 Windows 和 Linux 环境下 Python 3.8.10 的下载、安装和配置，较为详细地演示了 Windows 和 Linux 环境下集成开发环境 PyCharm 2021.3.3 的下载、安装、配置，编写并运行了第一个 Python 程序。

在本项目基础上，接下来开始 Python 语言程序设计之旅。

习　题

一、选择题

1. 下列（　　）命令可用于安装 Python 包。

A. pip install　　　　　B. pip setup　　　　　C. pip search　　　　D. pip list

2. Python 语言的第一个版本发布于（　　）年。

A. 1985　　　　　　　B. 1991　　　　　　　C. 1990　　　　　　D. 1995

3. Python 语言属于（　　）。

A. 自然语言　　　　　B. 机器语言　　　　　C. 高级语言　　　　D. 汇编语言

4. Python 程序文件的扩展名是（　　）。

A. . c　　　　　　　　B. . pyt　　　　　　　C. . python　　　　　D. . py

5. 以下不属于 Python 特性的是（　　）。

A. 简单易学　　　　　B. 开源的　　　　　　C. 可移植性　　　　D. 属于低级语言

6. 关于 PyCharm，描述错误的是（　　）。

A. PyCharm 是比较优秀的 Python 集成开发环境

B. Windows 系统自带 PyCharm，不需要安装即可使用

C. PyCharm 有 Professional 和 Community 两个版本

D. PyCharm 的 Community 版是免费的

二、填空题

1. 用于卸载已经安装的 Python 包的命令是_____。

2. Python 有_____和_____两种编程模式。

3. Python 程序中，一个代码块包含的多个语句必须具有相同的_____。

4. Python 是一种_____编程语言，Python 程序需要经过语言解释器处理后才能运行。

5. Python 语言的交互模式是指在_____提示符下直接输入语句并按 Enter 键加以执行。

6. PrCharm 是由捷克的 JetBrains 公司使用_____开发的一款智能 Python 集成开发环境。

三、程序设计题

1. 在 Python 的交互模式和集成模式下输入语句，显示字符串"Hello, Python!"。

2. 在 Python 命令行终端，查看所有 Python 的关键字。

项目 2

Python语言基础

俗话说，万丈高楼平地起，想要利用 Python 语言快速解决问题，语言基础至关重要。语言基础是学习 Python 编程的起点，本项目将以任务式教学为主线，从学习 Python 编码规范开始编程之旅。

项目任务

- Python 编码规范
- 数据类型
- 运算符
- 内置函数

学习目标

- 掌握 Python 编码规范，能够正确进行编码
- 掌握 Python 语言基本的数据类型，能够灵活地使用变量
- 掌握 Python 基本运算符的使用，能够熟练使用运算符完成相关计算
- 掌握 Python 常见的内置函数的使用，能够对数据进行格式化输出

任务 2.1 Python 编码规范

这里将开始学习 Python 命名规范，即标识符的命名规范；学习 Python 注释的使用和编码中的代码排版。

任务 2.1.1 命名规范

1. 标识符

一般地，由程序员自己命名的字符称为标识符，取一个见名知意且符合规范的名字非常重要。命名标识符必须遵循以下规则，否则代码报错。

①标识符是由字母（A~Z 和 a~z）、下划线和数字组成，但第一个字符不能是数字。

②标识符不能和 Python 中的关键字相同，后面将会介绍 Python 的关键字。

③Python 中的标识符不能包含空格、@、%、$ 等特殊字符。

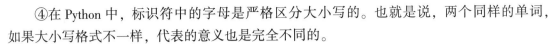

④在 Python 中，标识符中的字母是严格区分大小写的。也就是说，两个同样的单词，如果大小写格式不一样，代表的意义也是完全不同的。

根据标识符的命名规则，以下列举了一些标识符，具体如下：

```
# 合法的标识符
Name
name1
name_1
_name_1
# 不合法的标识符
1name
Name&
Hello world
1_name
```

俗话说："没有规矩不成方圆。"编程工作往往都是一个团队协同进行，因而一致的编码规范非常有必要，这样写成的代码便于团队中的其他人员阅读，也便于编写者自己以后阅读。因此，除上述的命名规则外，还应遵守以下命名规范：

（1）见名知意

标识符的命名尽量能够体现其表示的含义。比如需要存储姓名数据，那么可以定义一个名为 name 的变量来存储该数据。

（2）包名

全部小写字母，中间可以由点分隔开，不推荐使用下划线。作为命名空间，包名应该具有唯一性，推荐采用公司或组织域名的倒置，如 com. jd. shopping。

（3）模块名

全部小写字母，如果由多个单词构成，可以用下划线隔开，如 dummy_threading。

（4）类名

采用大驼峰法命名，如 StudentClass。

（5）异常名

异常属于类，使用 Error 作为后缀，如 FileNotFoundError。

（6）变量名

全部小写字母，如果由多个单词构成，可以用下划线隔开，如 student_score。另外，避免使用小写 l、大写 O 和大写 I 作为变量名。

（7）函数名和方法名

命名同变量命名，如 get_name、_get_max_num。

（8）常量名

全部大写字母，如果由多个单词构成，可以用下划线隔开，如 YEAR 和 WEEK_OF_MONTH。

2. 关键字

关键字又称为保留字，它是在 Python 语言的开发人员预先定义好了有特殊含义的标识符。定义的标识符不能是 Python 中的关键字。表 2 - 1 列举了 Python 语言中所有的关键字。

表 2 - 1 关键字

False	await	else	import	pass
None	break	except	in	raise
True	class	finally	is	return
and	continue	for	lambda	try
as	def	from	nonlocal	while
assert	del	global	not	with
async	elif	if	or	yield

任务 2.1.2 注释规范

规范使用 Python 代码中的注释，编写单行和多行注释。

1. 任务分析

适当地添加注释也是为了提高代码的可读性，注释是辅助性文字，会被解释器忽略，Python 中注释的语法有两种：单行注释和多行注释。

单行注释以 # 开头，可独占一行，也可与语句同行。一般 # 后需输入一个空格再写注释内容，当注释与语句在同一行时，与语句至少要间隔两个空格。示例代码如下：

```
# 这是单行注释
print("Hello, World!") # 打印输出 Hello, World
```

多行注释用三个双引号 """ 或三个单引号 ''' 将注释内容括起来。示例代码如下：

```
"""
这是多行注释,用三个双引号
这是多行注释,用三个双引号
这是多行注释,用三个双引号
"""
'''
这是多行注释,用三个单引号
这是多行注释,用三个单引号
这是多行注释,用三个单引号
'''
print("Hello, World!")
```

2. 程序代码

```
# 这是单行注释
"""
这是多行注释,用三个双引号
```

```
这是多行注释,用三个双引号
这是多行注释,用三个双引号
"""
```

任务 2.1.3　代码排版

通过代码判断一个数能否被 7 整除。如果能，则输出 True；否则，输出 False。

1. 任务分析

任务 2.1.3

本任务主要是通过分支结构来展示 Python 代码排版的规范性与要求，分支语法结构将在项目 3 介绍，这里只分析代码排版。代码排版包括缩进、空行、空格和断行等内容，下面逐一介绍。

1）缩进

Python 最具特色的就是使用缩进来控制代码块，不需要使用花括号"{}"。

①缩进可以使用空格键或者 Tab 键实现，两者不能混合使用。使用空格键时，通常情况下采用 4 个空格作为基本缩进量，而使用 Tab 键时，则采用按一次 Tab 键作为一个缩进量。

②对于流程控制语句、函数定义、类定义以及异常处理语句等，行尾的冒号和下一行的缩进表示一个代码块的开始，而缩进结束则表示一个代码块的结束。

③Python 对代码的缩进要求非常严格，同一个级别的代码块的缩进量必须相同。如果采用不合理的代码缩进，将抛出 SyntaxError 异常。

以下代码最后一行语句缩进数的空格数不一致，导致运行错误。

```
if True:
    print ("Answer")
    print ("True")
else:
    print ("Answer")
 print ("False")    # 缩进不一致,会导致运行错误
```

运行结果：

```
File "test.py", line 6
    print ("False")    # 缩进不一致,会导致运行错误
                  ^
IndentationError: unindent does not match any outer indentation level
```

2）空行

空行与代码缩进不同，空行并不是 Python 语法的要求。书写时不插入空行，Python 解释器运行也不会出错。空行的作用在于分隔两段不同功能或含义的代码，便于日后对代码进行维护或重构。

下面代码中定义的两个函数之间就使用了空行，其实空行不是必需的。

```
def insert():
    pass

def delete():
    pass
```

3）多行语句

Python 通常是一行写完一条语句，但 Python 官方建议每行代码不超过 79 个字符。因此，如果语句很长，可以使用反斜杠"\"来将一行语句写成多行，多行语句仍属于一条语句，例如：

```
item_one = 10
item_two = 20
item_three = 30
total = item_one + \
        item_two + \
        item_three
print(total)
```

运行结果：

```
60
```

在 []、{} 或 () 中的多行语句，不需要使用反斜杠 \，例如：

```
total = ['item_one', 'item_two', 'item_three',
        'item_four', 'item_five']
print(total)
```

运行结果：

```
['item_one', 'item_two', 'item_three', 'item_four', 'item_five']
```

除上述排版规则外，还需要注意，一般在编写 Python 代码时，如果使用了二元运算符，其左右两边都需要空一个空格，将运算符与操作数隔开，本教材所有代码都遵循了此规范。

2. 程序代码

```
num = 2023
if num / 7 == 0:
    print("True")
else:
    print("False")
```

任务 2.2 数据类型

这里将开始学习变量的定义和使用，以及数据类型中的基本类型，即整数类型、小数类型、字符串类型和布尔类型。

任务 2.2.1　变量的定义和使用

设 a 的值为 10，b 的值为 20，计算 a 与 b 的和。

1. 任务分析

任何编程语言都需要处理数据，比如数字、字符串、字符等，可以直接使用数据，也可以将数据保存到变量中，方便以后使用。

变量（Variable）可以看成一个小箱子，专门用来"盛装"程序中的数据。每个变量都拥有独一无二的名字，通过变量的名字就能找到变量中的数据。

和变量相对应的是常量（Constant），它们都是用来"盛装"数据的小箱子，不同的是：变量保存的数据可以被多次修改，而常量一旦保存某个数据之后，就不能修改了。

在编程语言中，将数据放入变量的过程叫作赋值（Assignment）。Python 使用 " = " 作为赋值运算符，具体格式为：

```
name = value
```

name 表示变量名；value 表示值，也就是要存储的数据。

注意，变量是标识符的一种，它的名字不能随便起，要遵守 Python 标识符命名规则，还要避免和 Python 内置函数以及 Python 关键字重名。

例如，下面的语句将整数 10 赋给变量 n：

```
n = 10
```

从此以后，n 就代表整数 10，使用 n 也就是使用 10。

变量的值不是一成不变的，它可以随时被修改，只要重新赋值即可；另外，也不用关心数据的类型，可以将不同类型的数据赋给同一个变量。请看下面的演示：

```
n = 10      #将 10 赋给变量 n
n = False   #将布尔型数据 False 赋给变量 n
n = 200     #将 200 赋给变量 n
print(n)

abc = 12.5 #将 12 赋给变量 abc
abc = 85   #将 85 赋给变量 abc
print(abc)
```

运行结果：

```
200
85
```

注意，变量的值一旦被修改，之前的值就被覆盖了，不复存在了，再也找不回了。换句话说，变量只能容纳一个值。

使用 Python 变量时，只要知道变量的名字即可。几乎在 Python 代码的任何地方都能使用变量。

```
n = 10
print(n)          # 将变量传递给函数

m = n * 10 + 5    # 将变量作为四则运算的一部分
print(m)

print(m - 30)     # 将由变量构成的表达式作为参数传递给函数

m = m * 2         # 将变量本身的值翻倍
print(m)
```

运行结果：

```
10
105
75
210
```

2. 程序代码

```
a = 10
b = 20
print(a + b)
```

运行结果：

```
30
```

任务 2.2.2　整数：计算矩形的周长和面积

输入矩形的长和宽，计算矩形的周长和面积。其中，长和宽均是整数。

1. 任务分析

要计算矩形的周长，首先就要知道矩形的长和宽，从问题中已知长和宽均为整数，由此可知变量的数据类型为整数类型。

整数就是没有小数部分的数字，Python 中的整数包括正整数、0 和负整数。Java 语言中整数分为 byte、short、int、long 四种类型，而 Python 中整数不分类型，或者说它只有一种类型。Python 整数的取值范围是无限的，不管多大或者多小的数字，Python 都能轻松处理。当所用数值超过计算机自身的计算能力时，Python 会自动转用高精度计算（称为大数计算）。

对整数类型进行输入时，可以使用内置函数 int( ) 把输入的字符串类型整数转换为整数类型，方便进行数值运算。

为了提高数字的可读性，Python 3.x 允许使用下划线_作为数字（包括整数和小数）的分隔符。通常每隔三个数字添加一个下划线，类似于英文数字中的逗号。下划线不会影响数字本身的值。示例如下：

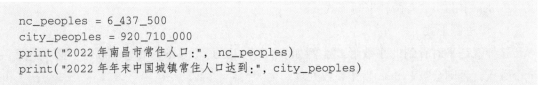

```
nc_peoples = 6_437_500
city_peoples = 920_710_000
print("2022 年南昌市常住人口:", nc_peoples)
print("2022 年年末中国城镇常住人口达到:", city_peoples)
```

运行结果:

```
2022 年南昌市常住人口: 6437500
2022 年年末中国城镇常住人口达到: 920710000
```

Python 中整数的表示分为十进制、二进制、八进制和十六进制这 4 种形式。如果直接写下一个整数, 例如 20, 默认是十进制整数。若要写二进制整数, 则在数字前加 "0b" 或 "0B"; 若要写八进制整数, 则在数字前加 "0o" 或 "0O"; 若要写十六进制整数, 则以 "0x" 或 "0X" 开头。举例如下。

二进制形式: 如'0b11110'表示十进制的 30。

八进制形式: 如'0o36'表示十进制的 30。

十进制形式: 正常的数字。

十六进制形式: 如'0x1E'表示十进制的 30。

2. 程序代码

```
n = int(input("请输入矩形的长: "))
m = int(input("请输入矩形的宽: "))
z = (n + m) * 2
print("矩形的周长为:", z)
```

运行结果:

```
请输入矩形的长: 3
请输入矩形的宽: 4
矩形的周长为: 14
```

任务 2.2.3　浮点数: 计算圆的周长和面积

输入含小数位的半径, 求圆的周长和面积。其中, π 取 3.141 59。

1. 任务分析

要计算圆的周长和面积, 首先就要知道圆的半径, 从任务中已知半径为小数, 由此可知变量的数据类型为小数类型。

在编程语言中, 小数通常以浮点数的形式存储。浮点数和定点数是相对的: 小数在存储过程中如果小数点发生移动, 就称为浮点数; 如果小数点不动, 就称为定点数。Python 只有一种小数类型, 就是 float。

对小数类型进行输入时, 可以使用 float( ) 函数把输入的字符串类型小数转换为小数类型, 方便进行数值运算。

Python 中的小数有两种书写形式：

1）十进制形式

这种就是平时看到的小数形式，例如 34.6、346.0、0.346。书写小数时，必须包含一个小数点，否则会被 Python 当作整数处理。

2））指数形式

Python 小数的指数形式的写法为：aEn 或 aen。其中，a 为尾数部分，是十进制整数或小数；n 为指数部分，是十进制整数；E 或 e 是固定的字符，用于分割尾数部分和指数部分。整个表达式等价于 $a \times 10^n$。

指数形式的小数举例：

① 2.1E5 $= 2.1 \times 10^5$，其中，2.1 是尾数，5 是指数。

② 3.7E−2 $= 3.7 \times 10^{-2}$，其中，3.7 是尾数，−2 是指数。

③ 0.5E7 $= 0.5 \times 10^7$，其中，0.5 是尾数，7 是指数。

注意，只要写成指数形式，就是小数，即使它的最终值看起来像一个整数。例如，14E3 等价于 14000，但 14E3 是一个小数。

2. 程序代码

```python
r = float(input("请输入圆的半径："))
pi = 3.14159
z = 2 * pi * r
s = pi * r * r
print("圆的周长为：", z)
print("圆的面积为：", s)
```

运行结果：

```
请输入圆的半径：1.2
圆的周长为：7.539815999999999
圆的面积为：4.5238895999999995
```

3. 任务拓展

复数（Complex）是 Python 的内置数据类型，直接书写即可。换句话说，Python 语言本身就支持复数，而不依赖标准库或者第三方库。

复数由实部（real）和虚部（imag）构成，在 Python 中，复数的虚部以 j 或者 J 作为后缀，具体格式为 a + bj。a 表示实部，b 表示虚部，如 2 + 3j。

任务 2.2.4 字符串操作

把字符串"崇德善能"和"知行致远"拼接在一起输出。

1. 任务分析

给出的任务比较简单，只需要输入、输出即可。注意，这里涉及的数据类型是字符串类型。

若干个字符的集合就是一个字符串（String）。Python 中的字符串必须由双引号""或者单引号''包围，具体格式为：

```
"字符串内容"
'字符串内容'
```

字符串的内容可以包含字母、标点、特殊符号、中文、英文等全世界的所有文字。Python字符串中的双引号和单引号没有任何区别。

当字符串内容中出现引号时，需要进行特殊处理，否则，Python 会解析出错，例如：

```
'I'm a great coder! '
```

由于上面字符串中包含了单引号，此时 Python 会将字符串中的单引号与第一个单引号配对，这样就会把'I'当成字符串，而后面的 m a great coder! '就变成了多余的内容，从而导致语法错误。对于这种情况，有两种处理方案：

1）对引号进行转义

在引号前面添加反斜杠\就可以对引号进行转义，让 Python 把它作为普通文本对待，例如：

```
str1 = 'I\'m a great coder!'
str2 = "英文双引号是\",中文双引号是""
print(str1)
print(str2)
```

运行结果：

```
I'm a great coder!
英文双引号是",中文双引号是"
```

2）使用不同的引号包围字符串

如果字符串内容中出现了单引号，那么可以使用双引号包围字符串，反之亦然。例如：

```
str1 = "I'm a great coder!" #使用双引号包围含有单引号的字符串
str2 = '引文双引号是",中文双引号是"' #使用单引号包围含有双引号的字符串
print(str1)
print(str2)
```

运行结果和上面相同。

Python 不是格式自由的语言，它对程序的换行、缩进都有严格的语法要求。要想换行书写一个比较长的字符串，必须在行尾添加反斜杠\，请看下面的例子：

```
s2 = '当代中国青年生逢其时, \
施展才干的舞台无比广阔, \
实现梦想的前景无比光明.'
print(s2)
```

运行结果：

当代中国青年生逢其时,施展才干的舞台无比广阔,实现梦想的前景无比光明.

上面 s2 字符串比较长，所以使用了转义字符 \ 对字符串内容进行了换行，这样就可以把一个长字符串写成多行。另外，Python 也支持表达式的换行，例如：

```
num = 20 + 3 /4 + \
    2 * 3
print(num)
```

运行结果：

```
26.75
```

2. 程序代码

```
a = "崇德善能"
b = "知行致远"
c = a + b
print(c)
```

运行结果：

崇德善能知行致远

任务 2.2.5　布尔类型

1. 任务分析

Python 提供了布尔类型来表示真（对）或假（错）。比如，5 > 3 这个比较算式是正确的，在程序世界里称为真（对），Python 使用 True 来代表；4 > 20 这个比较算式是错误的，在程序世界里称为假（错），Python 使用 False 来代表。

True 和 False 是 Python 中的关键字，当作为 Python 代码输入时，一定要注意字母的大小写，否则解释器会报错。

值得一提的是，布尔类型可以当作整数来对待。即 True 相当于整数值 1，False 相当于整数值 0。因此，下边这些运算都是可以的：

```
print(False + 1)
print(True + 1)
```

运行结果：

```
1
2
```

注意，这里只是为了说明 True 和 False 对应的整型值，在实际应用中是不妥的，不要这么用。

总的来说，布尔类型就是用于代表某个事情的真（对）或假（错），如果这个事情是正确的，用 True（或 1）代表；如果这个事情是错误的，用 False（或 0）代表。

2. 程序代码

```
print(5 > 3)
print(5 < 3)
```

运行结果：

```
True
False
```

以上为常用的数据类型，除此之外，还有一些相对复杂的组合数据类型，如列表、元组、集合、字典等。下面针对复杂的组合数据类型进行简单的介绍。

1）列表

列表是多个元素的集合，它可以保存任意数量、任意类型的元素，并且可以被修改。Python中使用 "[ ]" 创建列表，列表中的元素以逗号分隔。示例如下：

```
[2022, 2023, 'happy new year']          # 这是一个列表
```

2）元组

元组与列表的作用相似，它可以保存任意数量、任意类型的元素，但不可以被修改。Python 中使用 "( )" 创建元组，元组中的元素以逗号分隔。示例如下：

```
(2022, 2023, 'happy new year')          # 这是一个元组
```

3）集合

集合与列表、元组类似，也可以保存任意数量、任意类型的元素，区别在于集合使用 "{}" 创建，集合中的元素无序且唯一，集合常用于数据去重。示例如下：

```
{'Python', 'Java', 2023}                # 这是一个集合
```

4）字典

字典中的元素是 "键（Key）：值（Value）" 形式的键值对，键不能重复。Python 中使用 "{}" 创建字典，字典中的各元素以逗号分隔。示例如下：

```
{'name':'China', 'area', 9600000}       # 这是一个字典
```

任务 2.3　运算符

这里将开始学习算术运算符、赋值运算符、比较运算符、逻辑运算符和位运算符的基本概念和使用。

任务 2.3.1 算术运算符

定义两个变量 a 和 b，对两个变量分别赋值为 10 和 20，然后进行 + 、
– 、 * 的运算并输出结果。

任务 2.3.1

1. 任务分析

算术运算符也即数学运算符，用来对数字进行数学运算，比如加、减、乘、除。表 2 – 2 列出了 Python 支持的所有基本算术运算符。

表 2 – 2　算术运算符一览表

方法名	描述	示例	结果
+	加	22.2 + 23	45.2
–	减	3.4 – 2.1	1.5
*	乘	3.4 * 5	17.0
/	除法（和数学中的规则一样）	9/2	4.5
//	整除（只保留商的整数部分）	9//2	1
%	取余，即返回除法的余数	9%2	1
**	幂运算/次方运算，即返回 x 的 y 次方	3 ** 3	27，即 3^3

1）+加法运算符

加法运算符很简单，和数学中的规则一样，请看下面的代码：

```
m = 10
n = 97
sum1 = m + n
x = 7.2
y = 15.3
sum2 = x + y
print("sum1 = % d, sum2 = % .2f" % (sum1, sum2))
```

运行结果：

```
sum1 =107, sum2 =22.50
```

当 + 用于数字时表示加法，但是当 + 用于字符串时，它还有拼接字符串（将两个字符串连接为一个）的作用，请看代码：

```
name = "Python 官网"
url = "https://www.python.org/"
age = 34
info = name + "的网址是" + url + ",它已经" + str(age) + "岁了。"
print(info)
```

运行结果：

```
Python官网的网址是https://www.python.org/，它已经34岁了。
```

代码中 str( ) 函数用来将整数类型的 age 转换成字符串。还有以下几个内置的函数可以执行数据类型之间的转换。这些函数将返回一个新的对象，表示转换的值。见表 2 - 3。

表 2 - 3　数据类型转换函数一览表

函数	描述
int(x [,base])	将 x 转换为一个整数
float(x)	将 x 转换到一个浮点数
complex(real [,imag])	创建一个复数
str(x)	将对象 x 转换为字符串
repr(x)	将对象 x 转换为表达式字符串
eval(str)	计算在字符串中的有效 Python 表达式，返回一个对象
tuple(s)	将序列 s 转换为一个元组
list(s)	将序列 s 转换为一个列表
set(s)	转换为可变集合
dict(d)	创建一个字典，d 必须是一个（key, value）元组序列
frozenset(s)	转换为不可变集合
chr(x)	将一个整数转换为一个字符
ord(x)	将一个字符转换为它的整数值
hex(x)	将一个整数转换为一个十六进制字符串
oct(x)	将一个整数转换为一个八进制字符串

2）-减法运算符

减法运算也和数学中的规则相同，请看代码：

```
n = 45
m = 30
print(n - m)
```

运行结果：

```
15
```

－除了可以用作减法运算之外，还可以用作求负运算（正数变负数，负数变正数），请看下面的代码：

```
n = 45
n_neg = -n
f = -83.5
f_neg = -f
print(n_neg, ",", f_neg)
```

运行结果：

```
-45 , 83.5
```

注意，单独使用＋是无效的，不会改变数字的值，例如：

```
n = 45
m = +n
x = -83.5
y = +x
print(m, ",", y)
```

运行结果：

```
45 , -83.5
```

3）＊乘法运算符

乘法运算也和数学中的规则相同，请看代码：

```
n = 4 * 25
f = 34.5 * 2
print(n, ",", f)
```

运行结果：

```
100 , 69.0
```

＊除了可以用作乘法运算外，还可以用来重复字符串，也即将 n 个同样的字符串连接起来，请看代码：

```
str1 = "hello "
print(str1 * 4)
```

运行结果：

```
hello hello hello hello
```

4）/和//除法运算符

Python 支持/和//两个除法运算符，但它们之间是有区别的：

①/表示普通除法，使用它计算出来的结果和数学中的计算结果相同。

②//表示整除，只保留结果的整数部分，舍弃小数部分。注意，是直接丢掉小数部分，而不是四舍五入。

请看下面的例子：

```
# 整数不能除尽
print("32/6 =",32/6)
print("32//6 =",32//6)
print("32.0//6 =",32.0//6)
print("---------------")
# 整数能除尽
print("45/9 =",45/9)
print("45//9 =",45//9)
print("45.0//9 =",45.0//9)
print("---------------")
# 小数除法
print("13.2/2.6 =",13.2/2.6)
print("13.2//2.6 =",13.2//2.6)
```

运行结果：

```
32/6 = 5.333333333333333
32//6 = 5
32.0//6 = 5.0
---------------
45/9 = 5.0
45//9 = 5
45.0//9 = 5.0
---------------
13.2/2.6 = 5.076923076923077
13.2//2.6 = 5.0
```

从运行结果可以发现：

①/的计算结果总是小数，不管是否能除尽，也不管参与运算的是整数还是小数。

②当有小数参与运算时，//结果才是小数，否则就是整数。

需要注意的是，除数始终不能为 0，除以 0 是没有意义的，这将导致 ZeroDivisionError 错误。

5)％求余运算符

Python 的％运算符用来求得两个数相除的余数，包括整数和小数。Python 使用第一个数字除以第二个数字，得到一个整数的商，剩下的值就是余数。对于小数，求余的结果一般也是小数。

注意，求余运算的本质是除法运算，所以第二个数字也不能为 0，否则会导致 ZeroDivisionError 错误。

示例:

```
print("-----整数求余-----")
print("25 % 4 =", 25 % 4)
print("-25 % 4 =", -25 % 4)
print("25 % -4 =", 25 % -4)
print("-25 % -4 =", -25 % -4)
print("-----小数求余-----")
print("4.5 % 1.6 =", 4.5 % 1.6)
print("-4.5 % 1.6 =", -4.5 % 1.6)
print("4.5 % -1.6 =", 4.5 % -1.6)
print("-4.5 % -1.6 =", -4.5 % -1.6)
print("---整数和小数运算---")
print("33.3 % 8 =", 33.3 % 8)
print("33 % 8.2 =", 33 % 8.2)
print("33.3 % -8 =", 33.3 % -8)
print("-33 % 8.2 =", -33 % 8.2)
print("-33 % -8.2 =", -33 % -8.2)
```

运行结果:

```
-----整数求余-----
25 % 4 = 1
-25 % 4 = 3
25 % -4 = -3
-25 % -4 = -1
-----小数求余-----
4.5 % 1.6 = 1.2999999999999998
-4.5 % 1.6 = 0.30000000000000027
4.5 % -1.6 = -0.30000000000000027
-4.5 % -1.6 = -1.2999999999999998
---整数和小数运算---
33.3 % 8 = 1.2999999999999972
33 % 8.2 = 0.20000000000000284
33.3 % -8 = -6.700000000000003
-33 % 8.2 = 7.9999999999999964
-33 % -8.2 = -0.20000000000000284
```

从运行结果可以发现两点:

①只有当第二个数字是负数时,求余的结果才是负数。换句话说,求余结果的正负和第一个数字没有关系,只由第二个数字决定。

②%两边的数字都是整数时,求余的结果也是整数。但是只要有一个数字是小数,求余的结果就是小数。

6) **次方(乘方)运算符

Python 的 ** 运算符用来求一个 x 的 y 次方,也即次方(乘方)运算符。由于开方是次方的逆运算,所以也可以使用 ** 运算符间接地实现开方运算。Python ** 运算符示例:

```
print('----次方运算----')
print('2 ** 6 =', 2 ** 6)
print('3 ** 7 =', 3 ** 7)
print('----开方运算----')
print('56 ** (1/6) =', 56 ** (1/6))
print('66 ** (1/6) =', 66 ** (1/6))
```

运行结果：

```
----次方运算----
2 ** 6 = 64
3 ** 7 = 2187
----开方运算----
56 ** (1/6) = 1.9559811771959306
66 ** (1/6) = 2.0102835672168715
```

2. 程序代码

```
a = 10
b = 20
c = a + b
print(c)
c = a - b
print(c)
c = a * b
print(c)
```

运行结果：

```
30
-10
200
```

任务 2.3.2　赋值运算符

定义一个变量并赋值为 20，输出变量的结果。

1. 任务分析

赋值运算符用来把右侧的值传递给左侧的变量（或者常量）。可以直接将右侧的值交给左侧的变量，也可以进行某些运算后再交给左侧的变量，比如加减乘除、函数调用、逻辑运算等。Python 中最基本的赋值运算符是等号 = ，结合其他运算符，= 还能扩展出更强大的赋值运算符。

1）= 赋值运算符

其用来将一个表达式的值赋给另一个变量，请看下面的例子：

```
# 将字面量(直接量)赋给变量
n1 = 123
```

```
f1 = 66.6
s1 = "https://www.python.org/"
# 将一个变量的值赋给另一个变量
n2 = n1
f2 = f1
# 将某些运算的值赋给变量
sum1 = 12 + 45
sum2 = n1 % 5
s2 = str(456)            #将数字转换成字符串
s3 = str(56) + "abc"
```

Python 中的赋值表达式也是有值的，它的值就是被赋的那个值，或者说是左侧变量的值；如果将赋值表达式的值再赋给另外一个变量，这就构成了连续赋值。请看下面的例子：

```
a = b = c = 100
print(a, b, c)
```

运行结果：

```
100 100 100
```

= 具有右结合性，从右到左分析上述表达式：

①c = 100 表示将 100 赋给 c，所以 c 的值是 100；同时，c = 100 这个子表达式的值也是 100。

②b = c = 100 表示将 c = 100 的值赋给 b，因此 b 的值也是 100。

③依此类推，a 的值也是 100。

最终结果就是，a、b、c 三个变量的值都是 100。

= 和 == 是两个不同的运算符，= 用来赋值，而 == 用来判断两边的值是否相等，千万不要混淆。

2）增强型赋值运算符

= 还可与其他运算符（包括算术运算符、位运算符和逻辑运算符）相结合，扩展成功能更加强大的赋值运算符，见表 2－4。扩展后的赋值运算符将使得赋值表达式的书写更加方便。

表 2－4　赋值运算符一览表

运算符	说明	用法举例	等价形式
=	最基本的赋值运算	x = y	x = y
+=	加赋值	x += y	x = x + y
−=	减赋值	x −= y	x = x − y
*=	乘赋值	x *= y	x = x * y
/=	除赋值	x /= y	x = x / y

续表

运算符	说明	用法举例	等价形式
%=	取余数赋值	x% = y	x = x% y
** =	幂赋值	x ** = y	x = x ** y
//=	取整数赋值	x// = y	x = x//y
& =	按位与赋值	x& = y	x = x&y
| =	按位或赋值	x | = y	x = x | y
^ =	按位异或赋值	x^ = y	x = x^y
<<=	左移赋值	x <<= y	x = x<<y，这里的 y 指的是左移的位数
>>=	右移赋值	x >>= y	x = x>>y，这里的 y 指的是右移的位数

这里举个简单的例子：

```
n1 = 200
f1 = 45.6
n1 -= 55                    # 等价于 n1 = n1 - 55
f1 *= n1 - 20              # 等价于 f1 = f1 * (n1 - 20)
print("n1 = %d" % n1)
print("f1 = %.2f" % f1)
```

运行结果：

```
n1 = 20
f1 = 255.00
```

通常情况下，只要能使用扩展后的赋值运算符，都推荐使用这种赋值运算符。

但是请注意，这种赋值运算符只能针对已经存在的变量赋值，因为赋值过程中需要变量本身参与运算，如果变量没有提前定义，它的值就是未知的，无法参与运算。例如，下面的写法就是错误的：

```
n += 10
print(n)
```

运行结果：

```
NameError: name 'n' is not defined
```

该表达式等价于 n = n + 10，n 没有提前定义，所以它不能参与加法运算。

2. 程序代码

```
n = 20
print(n)
```

运行结果：

```
20
```

3. 任务拓展

同步赋值语句：同时将多个表达式赋给相应的变量，各变量和表达式间用逗号分割，如下面示例：

```
x, y, z = 10, 1 + 2, True
# 结果 x = 10,y = 3,z = True
```

任务 2.3.3　比较运算符

定义两个变量 a、b 分别赋为 10 和 20，然后输出 a > b 和 a < b 的结果。

1. 任务分析

比较运算符，也称关系运算符，用于对常量、变量或表达式的结果进行大小比较。如果这种比较是成立的，则返回 True（真）；反之，则返回 False（假）。

Python 支持的比较运算符见表 2 – 5。

表 2 – 5　比较运算符一览表

比较运算符	说明
>	大于，如果 > 前面的值大于后面的值，则返回 True，否则返回 False
<	小于，如果 < 前面的值小于后面的值，则返回 True，否则返回 False
==	等于，如果 == 两边的值相等，则返回 True，否则返回 False
>=	大于等于（等价于数学中的 ≥），如果 >= 前面的值大于或者等于后面的值，则返回 True，否则返回 False
<=	小于等于（等价于数学中的 ≤），如果 <= 前面的值小于或者等于后面的值，则返回 True，否则返回 False
! =	不等于（等价于数学中的 ≠），如果! = 两边的值不相等，则返回 True，否则返回 False
is	判断两个变量所引用的对象是否相同，如果相同，则返回 True，否则返回 False
is not	判断两个变量所引用的对象是否不相同，如果不相同，则返回 True，否则返回 False

Python 比较运算符的使用举例：

```
print("89 是否大于100: ", 89 > 100)
print("24 * 5 是否大于等于76: ", 24 * 5 >= 76)
print("86.5 是否等于86.5: ", 86.5 == 86.5)
```

```
print("34 是否等于 34.0: ", 34 == 34.0)
print("False 是否小于 True: ", False < True)
print("True 是否等于 True: ", True < True)
```

运行结果：

```
89 是否大于 100: False
24 * 5 是否大于等于 76: True
86.5 是否等于 86.5: True
34 是否等于 34.0: True
False 是否小于 True: True
True 是否等于 True: False
```

初学 Python，大家可能对 is 比较陌生，很多人会误将它和 == 的功能混为一谈，但其实 is 与 == 有本质上的区别。

== 用来比较两个变量的值是否相等，而 is 则用来比对两个变量引用的是否是同一个对象，例如：

```
import time          # 引入 time 模块
t1 = time.gmtime()   # gmtime() 用来获取当前时间
t2 = time.gmtime()
print(t1 == t2)      # 输出 True
print(t1 is t2)      # 输出 False
```

运行结果：

```
True
False
```

time 模块的 gmtime() 方法用来获取当前的系统时间，精确到秒级。因为程序运行非常快，所以 t1 和 t2 得到的时间是一样的。== 用来判断 t1 和 t2 的值是否相等，所以返回 True。虽然 t1 和 t2 的值相等，但它们是两个不同的对象（每次调用 gmtime() 都返回不同的对象），所以 t1 is t2 返回 False。这就好像两个双胞胎姐妹，虽然她们的外貌是一样的，但她们是两个人。

那么，如何判断两个对象是否相同呢？答案是判断两个对象的内存地址。如果内存地址相同，说明两个对象使用的是同一块内存，当然就是同一个对象了；这就像两个名字使用了同一个身体，当然就是同一个人了。

2. 程序代码

```
a = 10
b = 20
print(a > b)
print(a < b)
```

运行结果：

```
False
True
```

任务 2.3.4 逻辑运算符

定义 a 为 False，b 为 True，分别输出"a 或 b""a 且 b"的结果。

1. 任务分析

高中数学中就学过逻辑运算，例如 p 为真命题，q 为假命题，那么"p 且 q"为假，"p 或 q"为真，"非 q"为真。Python 也有类似的逻辑运算，见表 2 – 6。

表 2 – 6　逻辑运算符一览表

逻辑运算符	含义	基本格式	说明
and	逻辑与运算，等价于数学中的"且"	a and b	当 a 和 b 两个表达式都为真时，a and b 的结果才为真，否则为假
or	逻辑或运算，等价于数学中的"或"	a or b	当 a 和 b 两个表达式都为假时，a or b 的结果才是假，否则为真
not	逻辑非运算，等价于数学中的"非"	not a	如果 a 为真，那么 not a 的结果为假；如果 a 为假，那么 not a 的结果为真。相当于对 a 取反

逻辑运算符一般和关系运算符结合使用，例如：

```
14 > 6 and 45.6 > 90
```

运算时，关系运算符优先级更高，先计算。14 > 6 结果为 True，成立；45.6 > 90 结果为 False，不成立。所以整个表达式的结果为 False，即不成立。

在 Python 中，and 和 or 运算时，要注意以下两点：

①不一定要计算右边表达式的值，有时只计算左边表达式的值就能得到最终结果，这是 Python 的惰性计算特性。

and 运算符两边的值，只要其中有一个值为假，结果就是假；or 运算符两边的值，只要其中有一个值为真，结果就是真。

②表达式参与运算时，有时将其中表达式的值作为最终结果，而不是将 True 或者 False 作为最终结果。

理解以上两点极其重要，不会让你在使用逻辑运算的过程中产生疑惑。

使用代码验证上面的结论：

```
url = "https://www.python.org/"
print(" ---- False and xxx ----- ")
# and 左边的值为假,不需要再执行右边的表达式了,所以 print 没有任何输出。
```

```
print( False and print(url) )
print( " ---- True and xxx ----- " )
# and 左边的值为真,还需要执行右边的表达式才能得到最终的结果,所以执行 print
print( True and print(url) )
print( " ---- False or xxx ----- " )
# or 左边的值为假,还需要执行右边的表达式才能得到最终的结果,所以执行 print
print( False or print(url) )
print( " ---- True or xxx ----- " )
# or 左边的值为真,不需要再执行右边的表达式了,所以 print 没有任何输出。
print( True or print(url) )
```

运行结果:

```
 ---- False and xxx -----
False
 ---- True and xxx -----
https://www.python.org/
None
 ---- False or xxx -----
https://www.python.org/
None
 ---- True or xxx -----
True
```

2. 程序代码

```
a = False
b = True
print(a or b)
print(a and b)
```

运行结果:

```
True
False
```

任务 2.3.5　位运算符

定义变量 a 为 2, b 为 4, 分别输出 "a 按位与 b" "a 按位或 b" 的结果。

1. 任务分析

Python 位运算符只能用来操作整数类型,它按照整数在内存中的二进制形式进行计算。Python 支持的位运算符见表 2-7。

表 2-7　位运算符一览表

位运算符	说明	使用形式	举例
&	按位与	a & b	4 & 5
|	按位或	a | b	4 | 5

位运算符	说明	使用形式	举例
^	按位异或	a ^ b	4 ^ 5
~	按位取反	~ a	~ 4
<<	按位左移	a << b	4 << 2，表示整数 4 按位左移 2 位
>>	按位右移	a >> b	4 >> 2，表示整数 4 按位右移 2 位

1）& 按位与运算符

按位与运算符 & 的运算规则是：只有参与 & 运算的两个位都为 1 时，结果才为 1，否则为 0。例如，1&1 为 1，0&0 为 0，1&0 也为 0，这和逻辑运算符 && 非常类似，见表 2 - 8。

表 2 - 8　按位与运算规则表

第一个位	第二个位	结果
0	0	0
0	1	0
1	0	0
1	1	1

例如，9&5 可以转换成如下的运算：

```
  0000 0000 -- 0000 0000 -- 0000 0000 -- 0000 1001 (9 在内存中的存储)
& 0000 0000 -- 0000 0000 -- 0000 0000 -- 0000 0101 (5 在内存中的存储)
------------------------------------------------------------
  0000 0000 -- 0000 0000 -- 0000 0000 -- 0000 0001 (1 在内存中的存储)
```

9&5 的结果为 1。

2）| 按位或运算符

按位或运算符 | 的运算规则是：两个二进制位有一个为 1 时，结果就为 1，两个都为 0 时结果才为 0。例如，1|1 为 1，0|0 为 0，1|0 为 1，这和逻辑运算中的 || 非常类似，见表 2 - 9。

表 2 - 9　按位或运算规则表

第一个位	第二个位	结果
0	0	0
0	1	1

续表

第一个位	第二个位	结果
1	0	1
1	1	1

例如，9|5 可以转换成如下的运算：

```
  0000 0000 -- 0000 0000 -- 0000 0000 -- 0000 1001 (9 在内存中的存储)
| 0000 0000 -- 0000 0000 -- 0000 0000 -- 0000 0101 (5 在内存中的存储)
-----------------------------------------------------------------
  0000 0000 -- 0000 0000 -- 0000 0000 -- 0000 1101 (13 在内存中的存储)
```

9|5 的结果为 13。

3）^ 按位异或运算符

按位异或运算^的运算规则是：参与运算的两个二进制位不同时，结果为1，相同时结果为0。例如，0^1 为 1，0^0 为 0，1^1 为 0。见表 2-10。

表 2-10　按位异或运算规则表

第一个位	第二个位	结果
0	0	0
0	1	1
1	0	1
1	1	0

例如，9^5 可以转换成如下的运算：

```
  0000 0000 -- 0000 0000 -- 0000 0000 -- 0000 1001 (9 在内存中的存储)
^ 0000 0000 -- 0000 0000 -- 0000 0000 -- 0000 0101 (5 在内存中的存储)
-----------------------------------------------------------------
  0000 0000 -- 0000 0000 -- 0000 0000 -- 0000 1100 (12 在内存中的存储)
```

9^5 的结果为 12。

4）~ 按位取反运算符

按位取反运算符 ~ 为单目运算符（只有一个操作数），右结合性，作用是对参与运算的二进制位取反。例如，~1 为 0，~0 为 1，这和逻辑运算中的!非常类似。

例如，~9 可以转换为如下的运算：

```
~ 0000 0000 -- 0000 0000 -- 0000 0000 -- 0000 1001 (9 在内存中的存储)
-----------------------------------------------------------------
  1111 1111 -- 1111 1111 -- 1111 1111 -- 1111 0110 (-10 在内存中的存储)
```

~9 的结果为 –10。

5） <<左移运算符

Python 左移运算符 << 用来把操作数的各个二进制位全部左移若干位，高位丢弃，低位补 0。

例如，9<<3 可以转换为如下的运算：

```
<< 0000 0000 -- 0000 0000 -- 0000 0000 -- 0000 1001 (9 在内存中的存储)
----------------------------------------------------------------
   0000 0000 -- 0000 0000 -- 0000 0000 -- 0100 1000 (72 在内存中的存储)
```

9<<3 的结果为 72。

6） >>右移运算符

Python 右移运算符 >> 用来把操作数的各个二进制位全部右移若干位，低位丢弃，高位补 0 或 1。如果数据的最高位是 0，那么就补 0；如果最高位是 1，那么就补 1。

例如，9>>3 可以转换为如下的运算：

```
>> 0000 0000 -- 0000 0000 -- 0000 0000 -- 0000 1001 (9 在内存中的存储)
----------------------------------------------------------------
   0000 0000 -- 0000 0000 -- 0000 0000 -- 0000 0001 (1 在内存中的存储)
```

所以 9>>3 的结果为 1。

2. 程序代码

```
a = 2
b = 4
print(a & b)
print(a | b)
```

运行结果：

```
0
6
```

任务 2.3.6　运算符优先级和结合性

定义三个变量 a 为 2、b 为 4、c 为 6，分别输出 a + b * c 和 (a + b) * c 的结果。

1. 任务分析

优先级和结合性是 Python 表达式中比较重要的两个概念，它们决定了先执行表达式中的哪一部分。

1） 运算符优先级

所谓优先级，就是当多个运算符同时出现在一个表达式中时，先执行哪个运算符。

例如，对于表达式 a + b * c，Python 会先计算乘法再计算加法。b * c 的结果为 8，a + 8 的结果为 24，所以 d 最终的值也是 24。先计算 * 再计算 +，说明 * 的优先级高于 +。

Python 支持几十种运算符，被划分成将近 20 个优先级，有的运算符优先级不同，有的运算符优先级相同，见表 2 - 11。

表 2 - 11　运算符优先级一览表

运算符说明	Python 运算符	优先级	结合性	优先级顺序
小括号	（）	19	无	
索引运算符	x[i]或 x[i1 ;i2 [;i3]]	18	左	
属性访问	x. attribute	17	左	
乘方	**	16	右	
按位取反	~	15	右	
符号运算符	+ （正号）、 - （负号）	14	右	
乘除	*、/、//、%	13	左	
加减	+、 -	12	左	
位移	>>、 <<	11	左	
按位与	&	10	右	
按位异或	^	9	左	
按位或	|	8	左	
比较运算符	==、! =、>、>=、<、<=	7	左	从上往下由高到低
is 运算符	is、is not	6	左	
in 运算符	in、not in	5	左	
逻辑非	not	4	右	
逻辑与	and	3	左	
逻辑或	or	2	左	
逗号运算符	exp1, exp2	1	左	

结合表 2 - 11 中的运算符优先级，尝试分析下面表达式的结果。

```
4 + 4 << 2
```

+ 的优先级是 12， << 的优先级是 11， + 的优先级高于 << ，所以先执行 4 + 4，得到结果 8，再执行 8 << 2，得到结果 32，这也是整个表达式的最终结果。

像这种不好确定优先级的表达式，可以给子表达式加上（），也就是写成下面的样子：

```
(4 + 4) << 2
```

这样看起来就一目了然了，不容易引起误解。

当然，也可以使用（）改变程序的执行顺序，比如：

```
4 + (4 << 2)
```

则先执行 4 << 2，得到结果 16，再执行 4 + 16，得到结果 20。

虽然 Python 运算符存在优先级的关系，但不建议过度依赖运算符的优先级，这会导致程序的可读性降低。因此，可遵循以下两个原则：

①不要把一个表达式写得过于复杂。过于复杂时，可以尝试把它拆分来书写。

②不要过多地依赖运算符的优先级来控制表达式的执行顺序，这样可读性太差，应尽量使用（）来控制表达式的执行顺序。

2）运算符结合性

所谓结合性，就是当一个表达式中出现多个优先级相同的运算符时，先执行哪个运算符：先执行左边的叫左结合性，先执行右边的叫右结合性。

例如，对于表达式 100/25 * 16，/ 和 * 的优先级相同，应该先执行哪一个呢？这时就不能只根据运算符的优先级来决定了，还要参考运算符的结合性。/ 和 * 都具有左结合性，因此先执行左边的除法，再执行右边的乘法，最终结果是 64。

Python 中大部分运算符都具有左结合性，也就是从左到右执行；只有 ** 乘方运算符、单目运算符（例如 not 逻辑非运算符）、赋值运算符和三目运算符例外，它们具有右结合性，也就是从右向左执行。

2. 程序代码

```
a = 2
b = 4
c = 6
print(a + b * c)
print((a + b) * c)
```

运行结果：

```
26
36
```

任务 2.4　内置函数

本任务将学习 input( ) 函数、print( ) 函数、abs( ) 绝对值函数、pow( ) 幂函数、max( ) 最大值函数、min( ) 最小值函数和 range( ) 随机函数。

任务 2.4

任务 2.4.1　input( ) 函数

使用 input( ) 函数提示输入信息："请输出一个数字"，然后把输入的数字赋给变量 a 并输出。

1. 任务分析

input( )是 Python 的内置函数，用于从控制台读取用户输入的内容。input( ) 函数总是以字符串的形式来处理用户输入的内容，所以用户输入的内容可以包含任何字符。

input( )函数的用法为：

```
str = input(tipmsg)
```

说明：

①str 表示一个字符串类型的变量，input 会将读取到的字符串放入 str 中。

②tipmsg 表示提示信息，它会显示在控制台上，告诉用户应该输入什么样的内容；如果不写 tipmsg，就不会有任何提示信息。

input( )函数的简单使用：

```
a = input("Enter a number: ")
b = input("Enter another number: ")
print("aType: ",type(a))
print("bType: ",type(b))
result = a + b
print("resultValue: ",result)
print("resultType: ",type(result))
```

type( )函数的作用是显示数据类型。运行结果如下：

```
Enter a number: 10
Enter another number: 45
aType: <class 'str'>
bType: <class 'str'>
resultValue: 1045
resultType: <class 'str'>
```

本例中输入了两个整数，希望计算出它们的和，但是事与愿违，Python 只把它们当成了字符串，＋也只是起到了拼接字符串的作用，而不是求和的作用。

可以使用 Python 内置函数将字符串转换成想要的类型，比如：int(string)将字符串转换成 int 类型，float(string)将字符串转换成 float 类型，bool(string)将字符串转换成 bool 类型。

修改上面的代码，将用户输入的内容转换成数字：

```
a = input("Enter a number: ")
b = input("Enter another number: ")
a = float(a)
b = int(b)
print("aType: ",type(a))
print("bType: ",type(b))
result = a + b
print("resultValue: ",result)
print("resultType: ",type(result))
```

运行结果：

```
Enter a number: 12.5
Enter another number: 64
aType: <class 'float'>
bType: <class 'int'>
resultValue: 76.5
resultType: <class 'float'>
```

2. 程序代码

```
a = input("请输入一个数字: ")
print(a)
```

运行结果：

```
请输入一个数字: 3
3
```

任务 2.4.2　print( ) 函数

使用 print( ) 函数输出以下信息：

用户名：cherry，年龄：22。

1. 任务分析

前面使用 print( ) 函数时，都只输出了一个变量，但实际上，print( ) 函数完全可以同时输出多个变量，而且它具有更多丰富的功能。

print( ) 函数的详细语法格式如下：

```
print(value,…,sep = '',end = '\n',file = sys.stdout,flush = False)
```

其中，value 参数可以接受任意多个变量或值，print( ) 函数可以输出多个值；sep 参数设置多个变量时输出的分割符，默认是单个空格；end 参数设置输出结束符，默认是换行。

示例：

```
user_name = 'Cherry'
user_age = 22
#同时输出多个变量和字符串,指定分隔符
print("读者名:", user_name, "年龄:", user_age, sep = '|')
```

运行上面代码，可以看到如下输出结果：

```
读者名:|Cherry|年龄:|22
```

2. 程序代码

```
name = 'cherry'
age = 22
print('用户名:', name, '年龄:', age)
```

运行结果：

用户名：cherry 年龄：22

任务 2.4.3　数学函数

使用 Python 内置数学函数计算 $|-1.23|+3^5$ 的结果。

1. 任务分析

Python 提供了许多数学函数，本任务需要使用常用的绝对值函数、幂函数、最大值函数和最小值函数。

1）绝对值函数：abs( )

abs( )函数返回数字的绝对值，语法为：abs(x)，其中，x 为数值表达式。以下为示例：

```
print ("abs(-40):", abs(-40))
print ("abs(100.10):", abs(100.10))
```

运行结果：

```
abs(-40): 40
abs(100.10): 100.1
```

2）幂函数：pow( )

pow( )方法返回 x^y（x 的 y 次方）的值，语法为：

```
pow(x,y[,z])
```

函数是计算 x 的 y 次方，如果 z 存在，则再对结果进行取模，其结果等效于 pow(x,y)% z，三个参数传入时，要求所有参数值都是整数。以下为示例：

```
print ("pow(100,2):", pow(100,2))
```

运行结果：

```
pow(100,2): 10000
```

3）最大值函数：max( )

max( )方法返回给定参数的最大值，参数既可以是多个数值表达式，也可以为序列对象。语法为：max(x,y,z,···)，其中，x、y、z 均为数值。以下为示例：

```
print ("max(80,100,1000):",max(80,100,1000))
print ("max(-80,-20,-10):",max(-80,-20,-10))
print ("max([0,100,-400]):",max([0,100,-400]))
```

运行结果：

```
max(80,100,1000):1000
max(-80,-20,-10):-10
max([0,100,-400]):100
```

4）最小值函数：min( )

min( )方法返回给定参数的最小值，参数既可以是多个数值表达式，也可以为序列对象。语法为：min(x,y,z,…)，其中 x、y、z 均为数值表达。以下为示例：

```
print ("min(80,100,1000) : ",min(80,100,1000))
print ("min( -20,100,400) : ",min( -20,100,400))
print ("min( -80, -20, -10) : ",min( -80, -20, -10))
print ("min(0,100, -400) : ",min(0,100, -400))
```

运行结果：

```
min(80,100,1000) : 80
min(-20,100,400) : -20
min(-80, -20, -10) : -80
min(0,100, -400) : -400
```

2. 程序代码

```
a = abs( -1.23)
b = pow(3,5)
c = a + b
print(c)
```

运行结果：

```
244.23
```

任务 2.4.4　range( )函数

使用 range( )函数输出 20 以内的奇数。

1. 任务分析

range( )函数返回的是一个可迭代对象（类型是对象），而不是列表类型，所以打印的时候不会打印列表。为了能够输出数值，可以使用 list( )函数。list( )函数是对象迭代器，可以把 range( )返回的可迭代对象转为一个列表，返回的变量类型为列表。

range( )函数语法格式为：range([start],stop[,step])，有以下三种常用用法：

```
range(stop)                # start 默认值为 0,step 默认值为 1
range(start, stop)         # step 默认值为 1
range(start, stop, step)
```

表示包含左闭右开区间[start，stop)内以 step 为步长的整数可迭代对象。示例：

```
print(list(range(5)))
print(list(range(1, 10)))
print((list(range(1, 20, 2))))
```

运行结果：

```
[0, 1, 2, 3, 4]
[1, 2, 3, 4, 5, 6, 7, 8, 9]
[1, 3, 5, 7, 9, 11, 13, 15, 17, 19]
```

2. 程序代码

```
print(list(range(1, 20, 2)))
```

运行结果：

```
[1, 3, 5, 7, 9, 11, 13, 15, 17, 19]
```

到目前为止，已经学习了常用的函数，Python 可以用下面内置函数 dir( ) 查看系统的所有内置对象和函数。命令如下：

```
dir(__builtins__)
```

结果得到一个列表，如 ['ArithmeticError' , … , 'tuple' , 'type' , 'vars' , 'zip']。其中，大写字母开头的是 Python 的内置常量名，小写字母开头的是 Python 的内置函数名，如果想知道内置函数的用法，可执行命令：help（内置函数名）。

项目小结

本项目中，学习了 Python 语言编码规范、数据类型、运算符和内置函数，这些都是 Python 语言学习的基础，在 Python 语言的学习中占据非常重要的地位。良好编码规范可以减少不必要的错误，形成自己的代码风格，养成良好的编程习惯，做一个优秀的代码工程师，坚守好职业道德，发扬好匠心精神。数据类型是具象转为抽象的一种计算机表示形式，掌握好数据类型的知识，可以在后续的学习中得心应手地使用各类事物和数据，而 Python 语言中的运算符和内置函数则可以更方便地处理这些数据。Python 语言的学习不是一蹴而就的，只有把这些基础打好，并长期坚持学习，才能在以后的工作中发挥作用。

习　题

一、选择题

1. Python 命令行终端 python. exe 的提示符是（　　　）。

A. >>>　　　　　　　B. >>　　　　　　　C. >　　　　　　　D. ?

2. 可以使用（　　）接收用户的键盘输入。

A. id( ) 函数　　　B. int( ) 函数　　　C. format( ) 函数　　　D. input( ) 函数

3. Python 程序中，多行注释可以包含在一对（　　　）。

A. ' （单引号）　　B. #　　　　　　　C. " （双引号）　　　D. ''' （三引号）

4. 下面（　　）不是合法的 Python 标识符。

A. name   B. my_name   C. 8name   D. _name

5. 以下运算符优先级最高的是（　　）。

A. and   B. //   C. not   D. ==

6. 按 ASCII 码将一个整数转换成对应的字符，使用（　　）函数。

A. ord( )   B. chr( )   C. float( )   D. str( )

7. 下面属于单目运算符的是（　　）。

A. or   B. <   C. ~   D. ==

二、填空题

1. Python 语言使用_____作为转义符的开始符号。

2. 使用_____函数可以获得由变量引用的内存地址。

3. Python 中的数字有 4 种数据类型，分别是_____、_____、_____和_____。

4. 在 Python 程序中要将字符转换为对应的 ASCII 码，可以使用_____函数。

5. 布尔类型数据常用于描述_____的结果。

6. 在使用 print( ) 函数输出多个字符串时，可以用_____参数指定不同输出项之间的分隔符，该参数默认为空格。

三、程序设计题

1. 练习输出各类数值型常量，数据自拟。

2. 使用转义字符输出字符串。

3. 给定 a、b、c，求解二次方程 $ax^2 + bx + c = 0$。

项目 3

流程控制

现实生活和工作中的各种事务，按时间顺序进行时，往往存在大量的选择或周而复始的操作。用计算机语言（如 Python）编写程序，在顺序结构中常常夹杂着选择分支结构、循环结构。本项目以任务的方式学习 Python 语言的流程控制语句结构和基本语法，包括选择分支结构和循环结构。

项目任务

- 选择分支结构
- 循环结构

学习目标

- 掌握单、双分支选择结构的运用
- 熟练使用多分支选择结构语句
- 学会使用 if 条件语句和选择结构的嵌套
- 掌握循环结构，学会使用 while 循环和 for 循环语句
- 理解可迭代对象概念
- 能通过循环控制语句 break 和 continue 控制循环执行的流程

任务 3.1 选择分支结构

选择结构是指程序运行时系统根据某个特定条件选择一个分支执行。根据分支的多少，选择结构分为单分支选择结构、双分支选择结构和多分支选择结构。根据实际需要，还可以在选择结构中嵌入一个或者多个选择结构，形成选择结构的嵌套。

任务 3.1.1 单分支选择结构：驾照科目一成绩

小明利用假期到驾校参加驾驶证培训，最近他参加了科目一考试，根据《机动车驾驶证申领和使用规定》，科目一考试满分为 100 分，成绩达到（含）90 分的为合格。编写程序，在控制台输入考试成绩，如果成绩合格，输出"恭喜通过考试"。

任务 3.1.1

1. 任务分析

用内置函数 input( ) 从控制台获取成绩，假定输入数值成绩，用 float( ) 函数将字符串类

型成绩转换为数值型；接着编写成绩合格的条件表达式，条件成立时，按任务要求输出信息，否则，什么也不做。这里需要使用 if 选择分支结构。

解决本任务需要使用到的核心代码块是 if 语句结构体。它是选择分支结构之一：单分支结构。语法如下：

```
if 条件表达式：
    语句块
```

条件表达式后面带英文冒号，按下 Enter 键，Python 编辑器自动缩进。条件表达式的结果是真（True）或假（False）。当条件表达式成立（为真）时，执行语句块。语句块中每条语句相对于 if 缩进 4 个空格，否则，就不属于 if 结构的分支语句块。if 语句的执行流程图如图 3 - 1 所示。

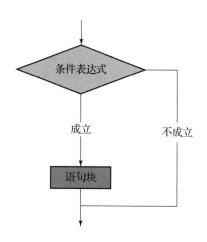

图 3 - 1　if 语句的执行流程图

2. 程序代码

语法如下：

```
score = float(input("请输入科目一成绩："))
if score >= 90:
    print("恭喜通过考试")
```

运行结果：

```
请输入科目一成绩：95
恭喜通过考试
```

任务 3.1.2　双分支选择结构：计算三角形面积

从控制台输入三角形的边长，如果不是三角形，输出"不能构成三角形"；否则，根据海伦公式输出三角形的面积，保留 4 位小数。

1. 任务分析

假设三角形三条边长分别是 a、b、c。内置函数 eval( ) 可将字符串转化为表达式，故从控制台可一次性接收三条边的边长。接下来将形成三角形的充分必要条件"任意两条边之和大于第三边"作为 if 结构的条件表达式，成立时，根据海伦公式计算面积。海伦公式为：

$$s = \mathrm{sqrt}(p*(p-a)*(p-b)*(p-c))$$

其中，$p = (a+b+c)/2$，sqrt 代表求平方根，Python 用 0.5 次幂来求平方根，可表示为：

$$s = (p*(p-a)*(p-b)*(p-c))**0.5$$

当不成立时，输出"不能构成三角形"。解决本任务需使用 if…else 双分支结构，条件成立时执行一些语句块；不成立时执行另一些语句块。这里的判断条件采用逻辑表达式。if 双分支结构的语法如下：

```
if 条件表达式:
    语句块1
else:
    语句块2
```

输出采用字符串的格式化方法 format。图 3-2 所示是双分支结构流程图。

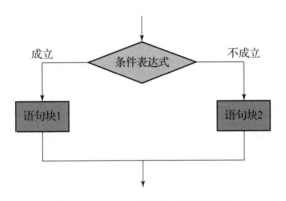

图 3-2 if…else 语句的执行流程图

2. 程序代码

```
a,b,c = eval(input("请输入三角形的三条边长,用英文逗号分隔:"))
if a+b > c and b+c > a and c+a > b:
    p = (a+b+c)/2
    s = (p*(p-a)*(p-b)*(p-c))**0.5
    print("当三角形的三条边长为a = {0},b = {1},c = {2}时".format(a,b,c))
    print("三角形的面积为:s = {0:.4f}。".format(s))
else:
    print("a = {0},b = {1},c = {2}不能构成三角形。".format(a,b,c))
```

运行结果：

```
请输入三角形的三条边长,用英文逗号分隔:5,6,7
当三角形的三条边长为 a = 5,b = 6,c = 7 时
三角形的面积为:s = 14.6969。

请输入三角形的三条边长,用英文逗号分隔:1,2,3
a = 1,b = 2,c = 3 不能构成三角形。
```

3. 任务拓展

在 Python 中还提供了一个三元运算符，并且在三元运算符构成的表达式中还可以嵌套三元运算符，可以实现与双分支选择结构有相似的效果。具体语法如下：

```
value1 if condition else value2
```

当条件表达式 condition 的值与 True 等价时，表达式的值为 value1；否则，表达式的值为 value2。例如：

```
>>> a = 7
>>> print(8 if a > 4 else 6)
8
>>> b = 8 if a >15 else 10
>>> b
10
```

任务 3.1.3   多分支选择结构：成绩等级转换

小明参加了体育考试，按教务处相关规定，体育成绩采用等级分数：≥90 分为 A 等，≥80 分为 B 等，≥60 分为 C 等，低于 60 分为 D 等。现从控制台输入成绩，根据规则输出对应等级。

任务 3.1.3

1. 任务分析

显然，这个案例有多种结果，属于多分支情形，可使用多个 if 单分支、双分支结构实现。在 Python 中，使用一个 if 多分支结构即可实现。

if 多分支结构是 if…elif…else 形式，每个 if 或 elif 后面跟条件表达式。当符合某条件时，则执行对应的语句块，执行完成后结束 if 分支结构；如果所有条件都不成立，则执行 else 的语句块。if 多分支结构语法如下：

```
if 表达式1:
    语句块 1
elif 表达式2:
    语句块 2
elif 表达式3:
    语句块 3
```

```
...
elif 表达式 n:
    语句块 n
else:
    语句块 n + 1
```

需要注意的是:

①不管有多个分支,程序执行了一个分支以后,其余分支都不再执行。

②当多分支中有多个表达式同时满足条件时,只执行第一条与之匹配的语句。

图 3 – 3 所示是 if 多分支结构流程图。

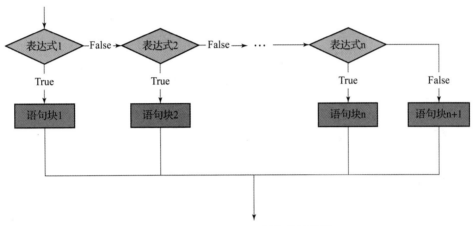

图 3 – 3　if – elif – else 语句的流程图

2. 程序代码

```
score = float(input("请输入成绩: "))
if score >= 90:
    grade = "A"
elif score >= 80:
    grade = "B"
elif score >= 60:
    grade = "C"
else:
    grade = "D"
print("百分制成绩:{0:.1f};成绩等级:{1}。".format(score, grade))
```

运行结果:

```
请输入成绩: 78
百分制成绩:78.0;成绩等级: C。
```

任务 3.1.4　选择结构的嵌套:模拟登录

要求在控制台下模拟后台系统登录验证过程。登录的用户名和密码都是"admin",要求先验证用户名，再验证密码。

1. 任务分析

用两个常量来保存用户名和密码，用两个变量接收控制台输入的用户名和密码。当用户名不正确时，输出"用户名不存在"，否则继续验证密码；密码错误时，输出"密码错误"，否则显示"登录成功"。

当使用选择结构控制程序执行流程时，如果有多个条件并且条件之间存在递进关系，则可以在一个选择结构中嵌入另一个选择结构，由此形成选择结构的嵌套。在内层的选择结构中还可以继续嵌入选择结构，嵌套的深度是没有限制的。

if 单分支结构、if 双分支结构、if 多分支结构都可以相互嵌套。嵌套层级越深，越容易出错。特别要注意的是，else 子句究竟和哪个 if 配对，确保多重嵌套都可正确运行。如下面两种嵌套：

①在 if 单分支结构中嵌入 if – else 结构：

```
if 表达式1:
    if 表达式2:
        语句块1
    else:
        语句块2
```

②在 if – else 结构中嵌入 if 单分支结构：

```
if 表达式1:
    if 表达式2:
        语句块1
else:
    语句块2
```

在嵌套结构①中，else 与第二个 if 配对；嵌套结构②中，else 与第一个 if 配对。也就是说，使用嵌套的选择结构时，系统将根据代码的缩进量来确定代码的层次关系。

2. 程序代码

```
USERNAME = "admin"
PASSWORD = "admin"
username = input("请输入用户名: ")
if username == USERNAME:
    password = input("请输入密码: ")
    if password == PASSWORD:
        print("登录成功! ")
        print("欢迎{0}进入系统!".format(username))
    else:
        print("密码错误,登录失败! ")
else:
    print("用户名\"{0}\"不存在,登录失败!".format(username))
```

运行结果：

```
请输入用户名：admin
请输入密码：admin
登录成功！
欢迎 admin 进入系统！
```

3. 任务拓展

在 Python 选择、循环等结构中，常使用 pass 语句。pass 语句是空语句，不做任何事情，一般占位用。比如，进行程序概要设计时，无须实现某些具体功能，为保持程序结构的完整性而使用 pass 语句。如：

```
if a > b:
    pass
else:
    pass
```

任务 3.2 循环结构

任务 3.2.1 while 循环：100 以内所有 2^n 的数之和

在 1~100 的自然数中，求出所有 2^n 的数之和，最后将结果输出。

1. 任务分析

从 1 开始，2^n 有如 2^0、2^1、2^2、…这样的序列。用于累加的这些数有这样的规律：前一个数乘以 2 得到后一个数。用一个变量 sum 存放总和，每次从序列中按顺序取一个数和 sum 相加，直到取完为止。这种周而复始的操作称为循环问题。在 Python 中，循环结构有 while 和 for 两种语句。当循环次数不确定时，只能使用 while 循环。在本任务中，无法确定序列中元素的数量，故采用 while 循环。本任务可定义变量 n，初始值为 1，执行一次循环后，用 2 * n 替换 n，直到 n > 100 为止。while 循环语句的完整语法如下：

```
while 条件表达式：
    循环体
[else：
    else 子句]
```

其中，else 及其子句是非必需选项。当条件表达式不成立退出循环时，将执行 else 子句。假如循环体中的 break 语句引起循环结束，else 子句是不会执行的。break 语句将在本任务的后续部分引入。图 3-4 所示是 while 循环的流程图。

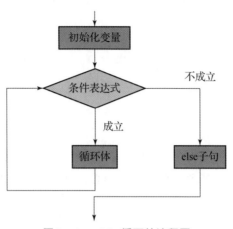

图 3 - 4　while 循环的流程图

2. 程序代码

```python
sum = 0
n = 1
while n <= 100:
    sum += n
    n = 2 * n
else:
print(sum)
# 运行结果:127
```

任务 3.2.2　for 循环：九九乘法表

任务 3.2.2

打印九九乘法表，如图 3 - 5 所示。

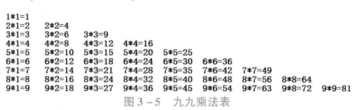

图 3 - 5　九九乘法表

1. 任务分析

九九乘法表是行列结构，行从 1 到 9，列从 1 到相应的行号。使用循环嵌套，外循环处理行，内循环处理列。内循环体输出语句中以制表位对输出进行格式化，外循环体输出换行符。

和其他语言的 for 循环不同，Python 的 for 循环用于访问可迭代对象的所有元素，每个元素只访问一次。一般语法格式为：

```python
for 循环变量 in 可迭代对象:
    循环体
[else:
    else 子句]
```

循环变量依次从可迭代对象取一个元素，执行循环体，取完所有元素时结束循环。else 子句非必需选项，在所有元素访问结束后执行 else 子句。假如循环体中的 break 语句引起循环结束，else 子句是不会执行的。

2. 程序代码

使用 while 循环代码如下：

```
i = 1
while i < 10:
    j = 1
    while j < i +1:
        print(f"{i} * {j} = {i * j}",end = "\t")
        j += 1
    print()
    i += 1
```

使用 for 循环代码如下：

```
for i in range(1,10):
    for j in range(1,i +1):
        print(f"{i} * {j} = {i * j}", end = "\t")
    print()
```

任务 3.2.3 循环嵌套：选择排序法

用选择排序法，对列表 [34，28，2，39，15] 中无序整数从小到大排序。

1. 任务分析

首先在未排序序列中找到最小数值，存放到排序序列的起始位置。然后再从剩余未排序元素中继续寻找次小数值，放到已排序序列的末尾。依此类推，直到所有元素均排序完毕。这就是选择排序法的执行过程。

图 3 – 6 中，i 是外循环变量，它由 1 到 n – 1。每轮外循环执行时，i 位置不变，j 是内循环变量，它由 i + 1 到 n，用 j 位置元素的值和 i 位置元素的值进行对比，如果 j 位置元素的值小于 i 位置元素的值，则交换。

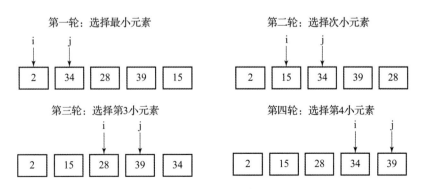

图 3 – 6 选择排序法示意图

2. 程序代码

```
A = [34,28,2,39,15]
print("排序前:",A)
for i in range(len(A) -1):
    for j in range(i +1,len(A)):
        if A[i] > A[j]:
            A[i],A[j] = A[j],A[i]
print("排序后:",A)
```

运行结果:

```
排序前:[34,28,2,39,15]
排序后:[2,15,28,34,39]
```

排序算法还有冒泡排序法、插入排序法、归并排序法、快速排序法等。

任务 3.2.4　break 和 continue 语句:筛选成绩

用列表存储小明期末考试百分制成绩, -1 代表该课程考试舞弊。请用循环体带 break 和 continue 语句的循环输出及格成绩 (≥60),遇到舞弊,立刻结束循环。

1. 任务分析

如果需要改变循环的执行流程,可在循环体中通过 break 和 continue 两个循环控制语句实现。用 if 单分支结构处理舞弊和及格两种情况。注意:舞弊使用 break 语句,必须放在 continue 语句之前。

break 语句:用于终止整个循环的执行,直接退出循环。一般情形下,break 语句放在 if 语句中,用于处理满足某些条件下结束整个循环。如果循环语句有 else 子句,else 子句将不会执行。其语法为:

```
break
```

continue 语句:用于结束本轮循环,进入下一轮循环。一般情形下,continue 语句也是放在 if 语句中,用于处理满足某些条件下结束本轮循环。循环体中 continue 后续的语句都不会执行,它不会影响循环结构的 else 子句的执行。其语法为:

```
continue
```

2. 程序代码

```
scores = [82,76,54,90,63,45,-1,87]
for score in scores:
    if score == -1: #舞弊
        break
    if score < 60: #不及格
        continue
    print(score, end = "\t")
```

运行结果：

```
82  76  90  63
```

项目小结

本项目中，学习了 Python 语言用于流程控制的选择分支结构（if 语句）、循环结构（while 和 for 语句）和流程控制语句（break 和 continue）。流程控制是本书重点，是程序设计中有关算法、函数、面向对象编程等知识的基础。同时，本项目还介绍了 pass 语句的使用。

习　题

一、选择题

1. 不属于流程控制结构的是（　　　）。

A. 顺序结构　　　　　B. 选择结构　　　　　C. 输入/输出结构　　　D. 循环结构

2. 语句 x = y = 3 运行结束后，变量 x 的值是（　　　）。

A. 1　　　　　　　　B. 3　　　　　　　　C. False　　　　　　D. True

3. 若 s 之前从未赋值，则 s == None 运行时，将出现的结果是（　　　）。

A. 结果为 True　　　B. 运行错误　　　　　C. s 被赋值为 None　　D. 结果为 False

4. 若 x = 2，则执行语句 x *= x + 5 后，变量 x 的值为（　　　）。

A. 7　　　　　　　　B. 14　　　　　　　　C. 9　　　　　　　　D. 10

5. 若 x = 2，则执行语句 x *= x + 5 后，变量 x 的值为（　　　）。

A. 7　　　　　　　　B. 14　　　　　　　　C. 9　　　　　　　　D. 10

6. Python 程序中多分支选择结构中的语句为（　　　）。

A. if

B. if⋯else

C. if⋯else if⋯else if⋯else

D. if⋯elif⋯elif⋯else

7. （多选题）已知 a = 1，b = 2，下列（　　　）语句可得到：'12'。

A. '{0}{1}'. format(a,b)

B. '%d%d'%(a,b)

C. str(a + b)

D. str(a) + str(b)

二、填空题

1. 在 Python 程序中，for 语句用于_____任何有序序列对象中的所有元素。

2. 在 Python 程序中，continue 语句用于_____结构中。

3. 在 Python 程序中，break 语句用于_____结构中。

4. if 分支结构中，当所有条件都不成立时，将执行_____子句的语句块。

三、程序设计题

1. 分别计算给定字符串中数字、大写字母和小写字母的数量。

2. 编写程序，从键盘输入一个字符，如果是大写字母，则将其转换为小写字母，如果是小写字母，则将其转换为大写字母，其他字符不变。

3. 编写程序，通过循环结构计算全部水仙花数。（备注：水仙花数是一个三位数，该数正好等于组成这三位数的各位数字的立方和。例如：$1^3 + 5^3 + 3^3 = 153$。）

4. 编写程序，判断一个整数是否为素数。

5. 编写程序，从键盘输入一个年份，计算并输出这一年份对应的生肖。

项目4

典型数据结构

Python 中的数据结构有很多种,其中,序列是 Python 中最基本的数据结构。列表和元组是有序序列,属于序列类型;字典和集合属于无序的数据集合,它们的元素之间没有任何确定的顺序关系。有序序列的元素之间存在着先后顺序,可以通过索引访问序列中的元素,而且有序序列还可以进行切片、加法、乘法以及检查成员等相关操作。本项目将以任务的方式学习 Python 中的 4 种典型数据结构:列表、元组、字典和集合。

项目任务

- 列表
- 元组
- 字典
- 集合

学习目标

- 掌握列表、元组、字典和集合这四种典型数据结构的特点
- 掌握运算符和内置函数对列表、元组、字典和集合的操作
- 理解列表推导式的工作原理
- 掌握切片相关操作

任务4.1 列表

列表是 Python 中一种最常用的数据结构,属于有序序列。一个列表可以包含任意数目的数据项,每个数据项称为一个元素。列表中元素的数据类型可以各不相同,可以是整数、实数、字符串,也可以是列表、元组、集合、函数等其他任意对象。列表属于可变序列,可以通过索引和切片对其进行修改。

任务 4.1.1 列表的创建

使用多种方法创建各种形式的列表并输出。

任务 4.1.1

1. 任务分析

创建列表的方法有很多，最简单方法是直接使用赋值运算符 " = " 将一个列表常量赋给变量。

```
list1 = []                #空列表的创建
list2 = [1, 2, 3]
list3 = ["C 语言", "Python", "Java", "PHP"]
```

也可以使用 list( ) 函数来创建列表。

```
list4 = list()                #空列表的创建
list5 = list([1, 2, 3])
list6 = list([10, "Python", "Java", "PHP"])
```

列表可包含多个元素，各个元素放在一对方括号内并以逗号分隔。如果一个列表中没有任何元素，则表示其为空列表。列表中的元素可以是不同的数据类型。

```
list7 = [100, 0.618, "Python",b" \xe5 \x95 \x8a"]
#range 函数产生可迭代序列数据,见任务拓展
list8 = [3, [8, 9, 10, 11], range(1, 100, 2)]
```

还可以通过乘法运算来创建指定长度的列表，并对其中的元素进行初始化。例如：

```
list9 = [0] * 50
list10 = ["Hello"] * 100
```

下面通过具体程序代码实现任务。

2. 程序代码

```
A = ['a', 'b', 'c', 1, 2, 3, "Python", "坚持中国共产党的领导"]
print("列表 A 的长度:", len(A))
print("列表 A 的类型:", type(A))
print("列表 A 中的元素:", A)
B = list(range(10, 101, 10))
print("列表 B 的长度:", len(B))
print("列表 B 中的元素:", B)
C = ["ABC"]*5
print("列表 C 的长度:", len(C))
print("列表 C 中的元素:", C)
x = list()
print("列表 x 的长度:", len(x))
print("列表 x 的类型:", type(x))
print("列表 x 中的元素:", x)
```

运行结果：

```
列表 A 的长度: 8
列表 A 的类型: <class 'list'>
```

```
列表 A 中的元素: ['a', 'b', 'c', 1, 2, 3, 'Python', '坚持中国共产党的领导']
列表 B 的长度: 10
列表 B 中的元素: [10, 20, 30, 40, 50, 60, 70, 80, 90, 100]
列表 C 的长度: 5
列表 C 中的元素: ['ABC', 'ABC', 'ABC', 'ABC', 'ABC']
列表 x 的长度: 0
列表 x 的类型: <class 'list'>
列表 x 中的元素: []
```

3. 任务拓展

可以使用 list( ) 函数把元组、字符串、字典、集合或其他的迭代对象类型转换成列表。

```
>>> list((1,2,3,4,5))             #使用 list( ) 函数把元组转换为列表
[1, 2, 3, 4, 5]
>>> list("学习宣传贯彻党的二十大精神")   #使用 list( ) 函数把字符串转换为列表
['学', '习', '宣', '传', '贯', '彻', '党', '的', '二', '十', '大', '精', '神']
>>> list({1,3,5,7,9})             #使用 list( ) 函数把集合转换为列表
[1, 3, 5, 7, 9]
>>> list({'a':1,'b':2,'c':3})     #使用 list( ) 函数把字典的"键"转换为列表
['a', 'b', 'c']
>>> list({'a':4,'b':5,'c':6}.items( )) #使用 list( ) 函数把字典的元素转换为列表
[('a', 4), ('b', 5), ('c', 6)]
>>> list(range(1,10,2))           #使用 list( ) 函数把 range 生成的序列转换为列表
[1, 3, 5, 7, 9]
```

任务 4.1.2　列表的基本操作

一个列表对象可以进行两类操作，下面用示例列出适用于所有有序序列类型的通用操作和仅适用于列表的专用操作。

1. 任务分析

1）列表的通用操作

创建一个列表对象后，可以对该列表对象进行一些通用操作。主要包括列表元素访问、切片操作、加法运算、乘法运算、比较运算、成员测试运算、列表遍历和拆分赋值运算。下面将展开详细介绍：

（1）列表元素访问

通过方括号运算符和索引可以对列表中的元素进行访问，语法格式如下：

```
列表名[索引]
```

其中，索引表示列表中元素的位置编号，取值可以是正整数、负整数和 0。创建列表之后，使用正向索引访问列表元素时，索引为 0 表示第 1 个元素，1 表示第 2 个元素，2 表示第 3 个元素，依此类推；列表还支持使用负索引作为下标，−1 表示最后 1 个元素，−2 表示倒数第 2 个元素，−3 表示倒数第 3 个元素，依此类推。以下通过索引访问列表中的元素。

```
>>> x = [1, 2, 3, 4, 5]
>>> print(x[0], x[1], x[2], x[3], x[4])
1 2 3 4 5
>>> print(x[-1], x[-2], x[-3], x[-4], x[-5])
5 4 3 2 1
```

注意：当通过索引访问列表元素时，切记索引的值不能越界，否则会出现 IndexError 错误。

（2）切片操作

通过切片操作可以从列表中取出某个范围的元素，从而构成一个新的列表。列表切片的语法格式如下：

```
列表名[起始索引:终止索引:步长]
```

其中，起始索引用于指定要取出的第一个元素的索引，默认为 0，表示第一个元素；终止索引不包括在切片范围内，默认终止元素为最后一个元素；步长为非零整数，默认值为 1；如果步长为正数，则从左向右提取元素，如果为负数，则从右向左提取元素。使用列表切片的例子如下：

```
>>> x = [1, 2, 3, 4, 5]
>>> x[1:4]
[2, 3, 4]
>>> x[1:6:2]
[2, 4]
>>> x[0:6:2]
[1, 3, 5]
>>> x[-1:-5:-1]
[5, 4, 3, 2]
```

（3）加法运算

使用加号运算符可以连接两个列表，操作结果是生成一个新的列表，两个列表的元素按顺序组成新列表的元素。列表加法的语法格式如下：

```
列表名1 + 列表2
```

列表相加的例子如下：

```
>>> [1, 2, 3] + [4, 5, 6, 7, 8]
[1, 2, 3, 4, 5, 6, 7, 8]
```

（4）乘法运算

用整数 n 和一个列表相乘可以返回一个新的列表，即表示原来的每个元素在新列表中重复 n 次。语法格式如下：

```
列表 * 整数   或   整数 * 列表
```

列表乘法的例子如下：

```
>>> [1, 2, 3] * 3
[1, 2, 3, 1, 2, 3, 1, 2, 3]
>>> 2 * ["AB","CD"]
['AB', 'CD', 'AB', 'CD']
```

（5）比较运算

使用关系运算符可以对两个列表进行比较，比较的规则如下：首先比较两个列表的第一个元素，如果这两个列表相等，则继续比较下面两个元素；如果这两个元素不相等，则返回这两个元素的比较结果；重复这个过程，直至出现不相等的元素或比较完所有元素为止。

```
列表 1 <比较运算符> 列表 2
```

比较列表的例子如下：

```
>>> [1, 2, 3, 4] < [1, 2, 1, 2, 3]
False
>>> [2, 5, 8] > [1, 2, 6, 1]
True
```

（6）成员测试运算

使用 in 运算符可以判断一个值是否包含在列表中，返回布尔型，语法格式如下：

```
值 in 列表
```

检查成员资格的例子如下：

```
>>> 1 in [1, 2, 3]
True
>>> 9 in [1, 2, 3]
False
>>> 6 not in [1, 2, 3]
True
```

（7）列表遍历

要访问列表中每一个元素，可以通过 while 或 for 循环来实现。使用 while 循环遍历列表时，需要通过索引来访问列表中的元素，并使用 Python 内置函数 len() 求出列表的长度。当使用 for 循环遍历列表时，不使用索引也可以访问列表中的每一个元素。以下示例演示了使用两种循环访问列表各元素。例如：

```
x = [1, 2, 3, 4, 5]
index = 0
# while 循环遍历列表
while index < len(x):
    print(x[index])
    index += 1
```

```
# for 循环遍历列表
for item in x:
    print(item)
```

（8）拆分赋值运算

使用拆分赋值语句可以将一个列表赋予多个变量。当进行拆分赋值时，要求变量个数必须与列表元素个数相等，否则将会出现 ValueError 错误。当变量个数少于列表元素个数时，可以且只能在一个变量名前面添加星号" * "，这样会将多个元素值赋予相应的变量。以下是示例：

```
>>> a, b = [1, 2]
# 结果 a 为 1,b 为 2
>>> a, *b = [1, 2, 3]
# 结果 a 为 1,b 为[2, 3]
>>> a, *b = [1]
# 结果 a 为 1,b 为[]
>>> *a, b = [1, 2, 3]
# 结果 a 为[1, 2],b 为 3
>>> *a, b = [1]
# 结果 a 为[],b 为 1
```

2）列表的专用操作

因列表对象是可变的序列，所以对列表除了可以使用序列的通用操作，还可以进行一些专用操作，例如元素赋值、切片赋值以及元素删除等。

（1）元素赋值

通过索引可以修改列表中特定元素的值。例如：

```
>>> x = [1, 2, 3, 4, 5, 6]
>>> x[2] = 121
>>> x[5] = 300
>>> x
[1, 2, 121, 4, 5, 300]
```

（2）切片赋值

通过切片赋值可以使用一个值列表来修改列表指定范围的一组元素的值。当进行切片赋值时，如果步长为 1，则对提供的值列表长度没有什么要求。在这种情况下，可以使用与切片序列长度相等的值列表来替换切片。也可以使用与切片长度不相等的值列表来替换切片。如果提供的值列表长度大于切片的长度，则会插入新的元素。如果提供的值列表长度小于切片的长度，则会删除多出的元素。当进行切片赋值时，如果步长不等于 1，则要求提供的值列表长度必须与切片长度相等，否则会出现 ValueError 错误。例如：

```
>>> a = [1, 2, 3, 4, 5]
>>> a[1:3] = [10]              # 提供值列表长度小于切片序列长度
```

```
>>> a
[1, 10, 4, 5]
>>> b = [1, 2, 3, 4, 5]
>>> b[1:3] = [10, 20]          # 提供值列表长度等于切片序列长度
>>> b
[1, 10, 20, 4, 5]
>>> c = [1, 2, 3, 4, 5]
>>> c[1:3] = [10, 20, 30]       # 提供值列表长度大于切片序列长度
>>> c
[1, 10, 20, 30, 4, 5]
>>> d = [1, 2, 3, 4, 5]
>>> d[1:4:2] = [10, 20]         # 步长不等于1,提供值列表长度等于切片序列长度
>>> d
[1, 10, 3, 20, 5]
>>> e = [1, 2, 3, 4, 5]
>>> e[1:4:2] = [10]             # 步长不等于1,提供值列表长度不等于切片序列长度
ValueError: attempt to assign sequence of size 1 to extended slice of size 2
```

（3）元素删除

要从列表中删除指定的元素，可以使用 del 语句来实现。若要从列表中删除指定范围内的元素，也可以通过切片赋值来实现。例如：

```
>>> x = [1, 2, 3, 4, 5, 6]
>>> del x[1:3]
>>> x
[1, 4, 5, 6]
>>> x[1:] = []
>>> x
[1]
```

（4）列表推导式

列表推导式是 Python 迭代机制的一种应用，通过列表推导式可以根据已有列表快速高效地生成满足特定需求的新列表，代码具有非常强的可读性，因此通常用于创建新的列表。列表推导式在逻辑上等价于一个循环语句，只是形式上更加简洁。列表推导式语法形式为：

```
[expression for expr1 in sequence1 if condition1
            for expr2 in sequence2 if condition2
            for expr3 in sequence3 if condition3
            ...
            for exprN in sequenceN if conditionN]
```

以下使用列表推导式创建新列表：

```
>>> x = [1, 2, 3, 4, 5]
>>> [i**2 for i in x]
[1, 4, 9, 16, 25]
>>> [i**2 for i in x if i%2 == 0]
```

```
[4,16]
>>> y = [1,2,3]
>>> [i*j for i in x if i%2 == 1 for j in y] #i取值1,3,5;j取值1,2,3,依次用i的每个
值和j相乘
[1,2,3,3,6,9,5,10,15]
>>> [[i*j for i in x if i%2 == 1] for j in y] #用列表推导式生成二维列表
[[1,3,5],[2,6,10],[3,9,15]]
```

2. 程序代码

(1) 列表的通用操作程序代码

```
a = list(range(1,11,1))
print("列表内容: a = {0}".format(a))
# 正向索引
print("正向索引: a[0] = {0}, a[1] = {1}, a[2] = {2}, a[3] = {3}".format(a[0], a
[1], a[2], a[3]))
# 负向索引
print("负向索引: a[-] = {0}, a[-2] = {1}, a[-3] = {2}, a[-4] = {3}".format(a
[-1], a[-2], a[-3], a[-4]))
# 切片操作
print("切片操作: a[2:9:1] = {0}".format(a[0:9:2]))
# 加法运算
x, y = [1,2,3], [4,5,6,7,8]
print("列表x内容:{0} \n列表y内容:{1}".format(x, y))
print("加法: x +y = {0}".format(x +y))
# 乘法运算
print("乘法: x * 3 = {0}".format(x * 3))
# 比较运算
print("比较: x >y? {0}".format(x >y))
# 成员测试运算
print("数字2在列表x中吗? {0}".format(2 in x))
print("数字12在列表y中吗? {0}".format(12 in y))
# 列表遍历
print("列表x遍历:", end = "")
for i in x:
        print(i, end = " ")
# 拆分赋值运算
a, *b, c = y
print("\n拆分赋值运算: a = {0}, b = {1}, c = {2}".format(a, b, c))
```

列表的通用操作运行结果:

```
列表内容: a = [1,2,3,4,5,6,7,8,9,10]
正向索引: a[0] = 1, a[1] = 2, a[2] = 3, a[3] = 4
负向索引: a[-] = 10, a[-2] = 9, a[-3] = 8, a[-4] = 7
切片操作: a[2:9:1] = [1,3,5,7,9]
列表x内容: [1,2,3]
列表y内容: [4,5,6,7,8]
```

加法: x + y = [1, 2, 3, 4, 5, 6, 7, 8]
乘法: x * 3 = [1, 2, 3, 1, 2, 3, 1, 2, 3]
比较: x > y? False
数字 2 在列表 x 中吗? True
数字 12 在列表 y 中吗? False
列表 x 遍历: 1　2　3
拆分赋值运算: a = 4, b = [5, 6, 7], c = 8

（2）列表的专用操作程序代码

```
import random
A = list(range(1, 11, 1))
print("列表原来内容: A = {0}".format(A))
# 列表元素赋值
A[2], A[5], A[8] = 200, 500, 800
print("执行元素赋值后: A = {0}".format(A))
# 列表切片赋值
A[3:6] = ["aaa", "bbb", "ccc"]
print("执行切片赋值后: A = {0}".format(A))
# 删除列表元素
del A[4]
print("删除列表元素后: A = {0}".format(A))
# 列表推导式,其中 random.random()生成一个 0 ~1 的小数
B = [int(100 * random.random()) for i in range(1, 11)]
print("执行列表推导式后: B = {0}".format(B))
```

列表的专用操作运行结果:

```
列表原来内容: A = [1, 2, 3, 4, 5, 6, 7, 8, 9, 10]
执行元素赋值后: A = [1, 2, 200, 4, 5, 500, 7, 8, 800, 10]
执行切片赋值后: A = [1, 2, 200, 'aaa', 'bbb', 'ccc', 7, 8, 800, 10]
删除列表元素后: A = [1, 2, 200, 'aaa', 'ccc', 7, 8, 800, 10]
执行列表推导式后: B = [12, 46, 80, 60, 33, 15, 34, 55, 20, 74]
```

3. 任务拓展

以上对列表进行的通用操作, 也适用于其他有序序列类型, 例如字符串、字节对象以及元组等。但是专用操作只适用于列表。

任务 4.1.3　列表的常用方法

任务 4.1.3

从键盘输入一个正整数, 以该整数作为长度生成一个列表并用随机数对列表元素进行初始化, 然后利用列表的常用方法对该列表进行各种操作。

1. 任务分析

在 Python 中, 列表对象是一种通过 list 类定义的可变的序列对象, 可以使用列表对象专属的常用方法对列表进行操作, 操作的结果有可能修改原列表的内容。用 lst 作为列表对象名, 其常用的方法如下:

①lst. append(x)：在列表 lst 末尾添加元素 x，等价于复合赋值语句 lst += [x]。

②lst. extend(L)：在列表 lst 末尾添加另一个列表 L，等价于复合赋值语句 lst += L。

③lst. insert(i,x)：可以在列表 lst 的第 i 位置插入元素 x。

④lst. remove(x)：从列表 lst 中删除第一个值为 x 的元素。

⑤lst. pop(i)：从列表 lst 中弹出索引为 i 的元素，然后删除并返回该元素；如果未指定参数 i，则会弹出列表中的最后一个元素；如果指定的参数 i 越界，则会出现 IndexError 错误。

⑥lst. count(x)：返回元素 x 在列表 lst 中出现的次数。

⑦lst. index(x)：返回元素 x 在列表 lst 中第一次出现的索引值。

⑧lst. sort(key = None,reverse = False)：对列表 lst 进行排序。key 用于实现自定义排序，一般是有返回值的函数名，默认为 None；排序规则默认是升序，reverse 为 True 时倒序。

⑨list. reverse( )：反转列表 list 中所有元素的位置。

下面的程序代码演示了列表常用方法的使用。

2. 程序代码

```python
import random
n = int(input("请输入一个正整数:"))
x = [int(100 * random.random()) for i in range(0, n)]
print("生成的列表内容:", x)
# 在列表末尾添加一个元素
x.append(100)
print("在列表末尾添加元素:", x)
# 在列表末尾添加一个列表
x.extend([222, 333])
print("在列表末尾添加列表:", x)
# 在指定位置添加元素
x.insert(3, 555)
print("在指定位置添加元素:", x)
# 从列表中删除具有指定值的元素
x.remove(555)
print("从列表中删除元素:", x)
# 从列表中弹出指定位置的元素
y = x.pop(2)
print("从列表中弹出元素{0}:".format(y), x)
# 求出指定元素的索引
print("元素222在列表中的位置:", x.index(222))
# 逆序排列列表元素
x.reverse()
print("反转列表中的所有元素:", x)
# 对列表元素排序
x.sort()
print("对列表中的元素排序:", x)
```

运行结果：

```
请输入一个正整数:6
```

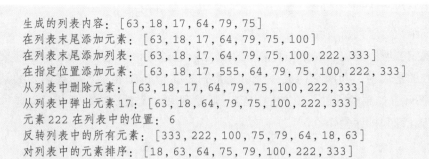

```
生成的列表内容：[63,18,17,64,79,75]
在列表末尾添加元素：[63,18,17,64,79,75,100]
在列表末尾添加列表：[63,18,17,64,79,75,100,222,333]
在指定位置添加元素：[63,18,17,555,64,79,75,100,222,333]
从列表中删除元素：[63,18,17,64,79,75,100,222,333]
从列表中弹出元素17：[63,18,64,79,75,100,222,333]
元素222在列表中的位置：6
反转列表中的所有元素：[333,222,100,75,79,64,18,63]
对列表中的元素排序：[18,63,64,75,79,100,222,333]
```

3. 任务拓展

列表的常用方法，一般只适用于列表，不适用于其他序列类型。下面通过一个示例来演示使用 key 参数的 sort 方法，key 参数需要传入一个函数名，相关知识参考项目 5 的任务 5.3.1。

```
# 自定义排序:按元素的个位数进行排序
def rule(t):
    return t % 10
x = [26,32,9,15]
x.sort(key = rule)
print(x)
```

运行结果：

```
[32,15,26,9]
```

任务 4.1.4　内置函数对列表的操作

需从键盘上输入一些正整数组成一个列表，规定输入 Q 键时结束输入。然后把列表的长度、最大元素、最小元素以及所有元素之和求出，并将列表元素按升序排列。

1. 任务分析

创建列表后，除了可以对该列表进行索引、切片、遍历、赋值以及删除等操作外，还可以通过调用 Python 提供的相关函数对列表进行处理。适用于序列的内置函数有：

①all(list)：如果序列 list 中所有元素为 True 或序列自身为空，则该函数返回 True，否则返回 False。

②any(list)：如果序列 list 中任一元素为 True，则该函数返回 True；如果序列 list 中所有元素为 False 或序列自身为空，则该函数返回 False。

③len(list)：该函数返回序列的长度，即序列中包含的元素个数。

④max(list)：该函数返回序列中的最大元素。

⑤min(list)：该函数返回序列中的最小元素。

⑥sorted(iterable, key = None, reverse = False)：该函数对可迭代对象进行排序操作并返回排序后的新列表，原始输入不变。iterable 参数表示可迭代类型对象，key 参数指定一个函数，用于实现自定义排序，默认为 None，相关知识参考项目 5 的任务 5.3.1；reverse 参数指

定排序规则，设置为 True 则按降序排序，默认为 False，表示按升序排序。

⑦sum(list)：该函数对序列所有元素进行求和。

因列表长度不确定，所以可以从一个空列表 list1 开始。通过一个恒为真的 while 循环来输入数据，如果输入的是数字，则用它构成一个单元素列表并与 list1 相加；如果输入的是字母"Q"，则退出循环；如果输入的是其他的内容，则提示输入无效。结束循环后，通过内置函数对列表进行计算和排序操作。

2. 程序代码

```python
i = 0
list1 = []
print("请输入一些正整数(Q = 退出)")
while 1:
    x = input("输入:")
    if x.isdecimal():
        list1 + = [int(x)]
        i + = 1
    else:
        if x.upper() = = "Q": break
        print("输入无效!")
        continue
print(" - "*50)
print("列表内容: ", list1)
print("列表长度: ", len(list1))
print("最大元素: ", max(list1))
print("最小元素: ", min(list1))
print("元素求和: ", sum(list1))
print("列表排序: ", sorted(list1))
```

运行结果：

```
请输入一些正整数(Q = 退出)
输入: 12
输入: 77
输入: 55
输入: 56
输入: 35
输入: Q
----------------------------
列表内容: [12, 77, 55, 56, 35]
列表长度: 5
最大元素: 77
最小元素: 12
元素求和: 235
列表排序: [12, 35, 55, 56, 77]
```

3. 任务拓展

除了列表自身方法外，很多 Python 内置函数也可以对列表进行操作，并且这些内置函数也适用于其他序列类型。

任务 4.1.5　多维列表

创建一个 5 行 10 列的二维列表并用随机数对列表元素进行初始化，然后对列表元素排序（即列表中各行按自左而右的顺序递增，各列按从上至下的顺序递增），并求所有元素之和、最小元素以及最大元素。

1. 任务分析

列表中的元素可以是任意数据类型的对象，可以是数值、字符串，也可以是列表。如果一个列表以列表作为其元素，则该列表称为多维列表。

实际应用中，最常用的多维列表是二维列表。二维列表可以看成是由行和列组成的列表。二维列表中的每一行可以使用索引来访问，称为行索引。

通过"列表名[行索引]"形式表示列表中的某一行，其值就是一个一维列表；每一行中的值可以通过另一个索引来访问，称为列索引。通过"列表名[行索引][列索引]"形式表示指定行中某一列的值，其值可以是数字或字符串等。

本次任务二维列表可视为元素为列表的一维列表。生成二维列表可以通过嵌套的列表解析来实现。遍历二维列表可以通过嵌套的 for 循环来实现，外层循环执行一次可处理一行，内层循环执行一次可处理一列。二维列表排序分成两步，首先对每行中的元素排序，然后再对各列排序。计算二维列表元素之和、最小元素和最大元素也分成两步，首先求出每行的和、最小元素和最大元素并将它们存入相应的一维列表中，然后再求出这些一维列表的和、最小元素和最大元素。

2. 程序代码

```
import random
ROWS = 5
COLS = 10
#用列表推导式生成二维列表
m = [[int(100 * random.random()) for col in range(COLS)] for row in range(ROWS)]
#s,x,y 分别存储每行的总和、最小值、最大值
s,x,y = [],[],[]
print("随机生成的二维列表:")
for row in m:
    for col in row:
        print("{:<4d}".format(col), end = "")
    print()

for row in range(5):
    m[row].sort()
m.sort()
print(" - " * 66)
print("排序之后的二维列表:")
for row in m:
    for col in row:
```

```
            print("{:<4d}".format(col), end = "")
        print()

for row in m:
        s.append(sum(row))
        x.append(min(row))
        y.append(max(row))
print(" - "*66)
print("二维列表元素之和:", sum(s))
print("二维列表最小元素:", min(x))
print("二维列表最大元素:", max(y))
```

运行结果：

```
随机生成的二维列表：
81  14  91  37  33  47  20  46  68  77
79  31  59  81  10  42  39  79  6   70
16  82  69  4   6   46  77  89  95  60
80  91  81  8   22  39  50  36  62  21
94  7   73  86  87  46  96  59  60  37
------------------------------------
排序之后的二维列表：
4   6   16  46  60  69  77  82  89  95
6   10  31  39  42  59  70  79  79  81
7   37  46  59  60  73  86  87  94  96
8   21  22  36  39  50  62  80  81  91
14  20  33  37  46  47  68  77  81  91
------------------------------------
二维列表元素之和：2689
二维列表最小元素：4
二维列表最大元素：96
```

任务 4.2　元组

在 Python 中，元组（tuple）与列表类似，它们同属于有序的序列类型，一些适用于序列类型的基本操作和处理函数同样也适用于元组，不同之处在于列表是可变对象，元组则是不可变对象，元组一经创建，其元素便不能修改了。

任务 4.2.1　元组的基本操作

元组的创建及访问相关基本操作。

1. 任务分析

元组是由放在圆括号内的一些元素组成的，这些元素之间用逗号分隔。创建元组的方法十分简单，只需要在圆括号内添加一些元素，并使用逗号隔开即可。当元组中只包含一个元素时，需要在元素的后面添加逗号，以防止运算时（）被当作括号使用。

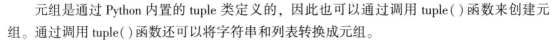

元组是通过 Python 内置的 tuple 类定义的，因此也可以通过调用 tuple( ) 函数来创建元组。通过调用 tuple( ) 函数还可以将字符串和列表转换成元组。

元组与列表类似，一些适用于列表的操作和处理函数也适用于元组。例如，对元组进行加法和乘法运算，使用索引访问元组指定位置的元素，通过切片从元组中获取部分元素，使用关系运算符比较两个元组，使用成员运算符 in 来判断某个值是否存在于元组中，使用 for 循环遍历元组，使用内置函数 len( ) 计算元组的长度等。

但是，由于元组是不可变对象，是不允许修改元组中的元素值的。如果试图通过赋值语句修改元组中的元素，将会出现 TypeError 错误。同样，是不允许删除元组中的元素值的，但可以使用 del 语句来删除整个元组。

2. 程序代码

```python
import random
# 通过列表推导式生成的列表创建元组
tup = tuple([int(100 * random.random()) for i in range(10)])
print("元组内容: ", tup)
print("元组长度: ", len(tup))
print("元组类型: ", type(tup))
print("遍历元组: ")
for i in range(10):
    print("tup[{0}] = {1:<2d}".format(i, tup[i]), end = "\t")
    if (i +1)% 5 == 0:print()
print("元组切片: tup[2:6] = {0}".format(tup[2:6]))
print("元组求和: ", sum(tup))
print("元组最大元素: ", max(tup))
print("元组最小元素: ", min(tup))
```

运行结果：

```
元组内容: (24, 50, 0, 6, 19, 76, 17, 50, 86, 20)
元组长度: 10
元组类型: <class 'tuple'>
遍历元组:
tup[0] = 24tup[1] = 50tup[2] = 0 tup[3] = 6tup[4] = 19
tup[5] = 76tup[6] = 17tup[7] = 50tup[8] = 86tup[9] = 20
元组切片: tup[2:6] = (0, 6, 19, 76)
元组求和: 348
元组最大元素: 86
元组最小元素: 0
```

3. 任务拓展

t = ( ) 表示为一个空元组。

任务 4.2.2　元组封装与序列拆封：交换字符串

从键盘上输入两个字符串并将其存入两个变量，然后交换两个变量的内容。

1. 任务分析

在 Python 中，元组是一种用法灵活的数据结构。元组有两种特殊的运算，即元组封装和序列拆封。这两种运算为编程带来了很多便利。

1）元组封装

元组封装是指将以逗号分隔的多个值自动封装到一个元组中。例如：

```
>>> x = "VB","Java","PHP","Python","Go"
>>> x
('VB','Java','PHP','Python','Go')
>>> type(x)
<class 'tuple'>
```

在上述的例子中，通过赋值语句将赋值运算符右边的 5 个字符串装入一个元组对象并将其赋给变量 x，此时可以通过该变量来引用元组对象。

2）序列拆封

序列拆封是元组封装的逆运算，可以用来将一个封装起来的元组对象自动拆分成若干个基本数据。例如：

```
>>> t = (1, 2, 3)
>>> x, y, z = t
>>> print(x,y,z)
1 2 3
```

在上述例子中，通过执行第二个赋值语句，将一个元组对象拆分成了 3 个整数并将其分别赋给 3 个变量。这种序列拆分操作要求赋值运算符左边的变量数目与右边序列中包含的元素数目相等，如果不相等，则会出现 ValueError 错误。

封装操作只能用于元组对象，拆分操作不仅可以用于元组对象，也可以用于列表对象，如 x, y = [1, 2]，结果 x = 1，y = 2。

在项目 2 赋值运算符部分曾经介绍过同步赋值语句，也就是使用不同表达式的值分别对不同的变量赋值。例如：

```
x, y, z = 100, 200, 300
```

现在看来，这个赋值语句的语法格式实际上就是将元组封装和序列拆分操作组合起来执行。即首先将赋值运算符右边的 3 个数值封装成一个元组，然后再将这个元组拆分成 3 个数值，分别赋给赋值运算符左边的 3 个变量。

2. 程序代码

```
s1 = input("请输入一个字符串: ")
s2 = input("请再输入一个字符串: ")
print("您输入的两个字符串是: ")
print("s1 = {0}, s2 = {1}".format(s1,s2))
s1, s2 = s2, s1
```

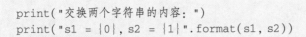

```
print("交换两个字符串的内容: ")
print("s1 = {0}, s2 = {1}".format(s1, s2))
```

运行结果：

```
请输入一个字符串: This
请再输入一个字符串: That
您输入的两个字符串是:
s1 = This, s2 = That
交换两个字符串的内容:
s1 = That, s2 = This
```

任务 4.2.3　元组与列表的比较

元组与列表相互转换操作。

1. 任务分析

元组和列表都是有序序列类型，它们有很多类似的操作（如索引、切片、遍历等），而且可以使用很多相同的函数，如 len( )、min( ) 和 max( ) 等进行处理。但是，元组与列表也有区别，通过调用相关函数还可以在元组与列表之间进行相互转换。

1）元组与列表的区别

元组和列表之间的区别主要表现在以下几个方面。

①元组是不可变的序列类型，对元组不能使用 append( )、extend( ) 和 insert( ) 函数，不能向元组中添加元素，也不能使用赋值语句对元组中的元素进行修改；对元组不能使用 pop( ) 和 remove( ) 函数，不能从元素中删除元素；对元组不能使用 sort( ) 和 reverse 函数，不能更改元组中元素的排列顺序。列表则是可变的序列类型，可以通过添加、插入、删除以及排序等操作对列表中的数据进行修改。

②元组是使用圆括号并以逗号分隔元素来定义的，列表则是使用方括号并以逗号分隔元素来定义的。不过，在使用索引或切片获取元素时，元组与列表一样，也是使用方括号和一个或多个索引来获取元素的。

③元组可以在字典中作为键来使用，列表则不能作为字典的键来使用。

2）元组与列表的相互转换

列表类的构造函数 list( ) 接收一个元组作为参数并返回一个包含相同元素的列表，通过调用这个构造函数可以将元组转换为列表，此时将"融化"元组，从而达到修改数据的目的。

元组类的构造函数 tuple( ) 接收一个列表作为参数并返回一个包含相同元素的元组，通过调用这个构造函数可以将列表转换为元组，此时将"冻结"列表，从而达到保护数据的目的。

2. 程序代码

```
>>> tuple1 = ("C", "VB", "PHP", "Java")
>>> tuple1
('C', 'VB', 'PHP', 'Java')
>>> list1 = list(tuple1)
```

```
>>> list1[2:4] = ["Python","Go"]
>>> list1
['C', 'VB', 'Python', 'Go']
>>> tuple1 = tuple(list1)
>>> tuple1
('C', 'VB', 'Python', 'Go')
```

任务 4.3 字典

任务 4.3.1 创建字典

使用多种方法创建字典。

1. 任务分析

字典（dictionary）是 Python 内置的一种数据结构。字典由一组键（key）及与其对应的值构成的，键与对应的值之间用冒号分割，所有键及与其对应的值都放置在一对花括号内。在同一个字典中，每个键必须是互不相同的，键与值之间存在一一对应的关系。键的作用相当于索引，每个键对应的值就是数据，数据是按照键存储的，只要找到了键，便可以顺利地找到所需的值。如果修改了某个键所对应的值，将会覆盖之前为该键分配的值。字典属于可变类型，在字典中可以包含任何数据类型。

字典就是用花括号括起来的一组键值对，每个键值对就是字典中的一个元素或条目。

创建字典的一般语法格式如下：

字典名 = {键1:值1, 键2:值2,…, 键n:值n}

其中，键与值之间用半角冒号"："来分隔，各个元素之间用半角逗号"，"来分隔；键是不可变类型，例如整数、字符串或元组等，键必须是唯一的；值可以是任意数据类型，而且不必是唯一的。

在 Python 中，字典是通过内置的 dict 类定义的，因此也可以使用字典对象的构造函数 dict( )来创建字典，此时可以将列表或元组作为参数传入这个函数。如果未传入任何参数，则会生成一个空字典；传入的参数为列表时，列表的元素为元组，每个元组包含两个元素，第一个元素作为键，第二个元素作为值；传入的参数是元组时，元组的元素为列表，每个列表包含两个元素，第一个元素作为键，第二个元素作为值。

创建字典时，也可以通过"键=值"的关键字参数形式传入 dict( )函数，此时键必须是字符串类型，而且不加引号。

2. 程序代码

```
>>> dict1 = {}
>>> type(dict1)
```

```
<class 'dict'>
# 通过{}创建字典
>>> dict2 = {"name":"李明", "age":18}
>>> dict2
{'name': '李明', 'age': 18}
>>> dict3 = {1:"C", 2:"Java", 3:"PHP", 4:"Python", 5:"Go"}
>>> dict3
{1: 'C', 2: 'Java', 3: 'PHP', 4: 'Python', 5: 'Go'}
# 创建空字典
>>> dict4 = dict()
>>> dict4
{}
# 通过列表参数创建字典,列表元素是长度为 2 的元组,且元组第一个数据是不可变类型
>>> dict5 = dict([("name", "张三"), ("age", 19)])
>>> dict5
{'name': '张三', 'age': 19}
# 通过元组参数创建字典,元组元素是长度为 2 的列表,且列表第一个数据是不可变类型
>>> dict6 = dict((["name", "张三"], ["age", 19]))
>>> dict6
{'name': '张三', 'age': 19}
# 通过关键字参数创建字典
>>> dict7 = dict(name = "李逍遥", age = 19)
>>> dict7
{'name': '李逍遥', 'age': 19}
```

任务 4.3.2 字典的基本操作

创建一个简单的学生信息录入系统,用于输入学生的姓名、性别和年龄信息。要求:学生信息存储在一个列表中,该列表由若干个字典组成。字典包含 3 个元素,分别用于存储学生的姓名、性别和年龄信息。因为学生数目不确定,所以可以从一个空列表开始,通过一个恒为真的 while 循环来录入学生信息,每循环一次,创建一个新字典,并使用从键盘录入的数据在字典中增加 3 个元素,然后将该字典添加到列表中。每当录完一条学生信息,可以选择是继续还是退出,按 N 键则结束循环,然后输出录入结果。

1. 任务分析

创建字典后,可以对字典进行各种各样的操作,主要包括通过键访问和更新字典元素,删除字典元素或整个字典,检测某个键是否存在于字典中等。

(1) 访问字典元素

在字典中,键的作用相当于索引,可以根据索引来访问字典中的元素:

```
字典名[键]
```

如果指定的键未包含在字典中,则会发生 KeyError 错误。如果字典中键的值本身也是字典,则需要使用多个键来访问字典元素。如果字典中键的值是列表或元组,则需要同时使用键和索引来访问字典元素。

（2）添加和更新字典元素

添加和更新字典元素可以通过赋值语句来实现：

```
字典名[键] = 值
```

如果指定的键目前未包含在字典中，则使用在语句中指定的键和值在字典中增加一个新的元素；如果指定的键已经存在于字典中，则将该键对应的值更新为新值。

（3）删除字典元素和字典

在 Python 中，可以使用 del 语句删除一个变量，以解除该变量对数据对象的引用。若要从字典中删除指定键所对应的元素或删除整个字典，也可以使用 del 语句来实现。

```
# 在字典中删除指定键的元素
del 字典名[键]
# 删除整个字典
del 字典名
```

（4）检测键是否存在于字典中

字典是由一些键值对组成的，每个键值对就是字典中的一个元素。对字典元素操作之前，可以使用 in 运算符检测该键是否存在于字典中。

```
表达式 in 字典名
```

（5）获取键列表

将一个字典作为参数传入 list( ) 函数可以获取该字典中所有键组成的列表。

（6）求字典长度

使用内置函数 len( ) 可以获取字典的长度，即字典中包含的元素数目。

2. 程序代码

```
students = []
print("学生信息录入系统")
print("-"*60)
while 1:
    student = {}
    student["name"] = input("输入姓名：")
    student["gender"] = input("输入性别：")
    student["age"] = int(input("输入年龄："))
    students.append(student)
    choice = input("继续输入吗？(Y/N)")
    if choice.upper() == "N":break
print("-"*60)
print("本次一共录入了{0}名学生".format(len(students)))
i = 1
for stu in students:
    print("学生{0}：".format(i), stu)
    i += 1
```

运行结果：

```
学生信息录入系统
----------------------------------------
输入姓名：张三
输入性别：男
输入年龄：19
继续输入吗？(Y/N)Y
输入姓名：李四
输入性别：女
输入年龄：18
继续输入吗？(Y/N)N
----------------------------------------
本次一共录入了 2 名学生
学生 1：{'name': '张三', 'gender': '男', 'age': 19}
学生 2：{'name': '李四', 'gender': '女', 'age': 18}
```

任务 4.3.3　字典的常用方法

在上一个任务的基础上，对数据输出功能加以改进，即可完成本次任务。主要从以下几个方面进行改进：在字典中使用中文作为键；通过 for 循环遍历字典中的所有键，以显示字段标题；通过嵌套的 for 循环输出字段值，外层循环执行一次，则处理一个字典对象（对应于一个学生），内层循环执行一次，则输出字典中的一个值（对应于一个字段值）。

1. 任务分析

对字典对象可以用很多方法，为使用字典带来了很多便利。下面介绍字典的一些常用方法。

①dic. fromkeys(序列，[值])：该方法用于创建一个新字典，并使用序列中的元素作为键，使用指定的值作为所有键对应的初始值，未指定时，所有键对应的初始值是 None。例如：

```
>>> {}.fromkeys(("name","gender","age"),"")
{'name': '', 'gender': '', 'age': ''}
```

②dic. keys( )：获取包含字典 dic 中所有键的列表。例如：

```
>>> student = {"name":"张三","gender":"男","age":19}
>>> student.keys()
dict_keys(['name', 'gender', 'age'])
```

③dic. values( )：获取包含字典 dic 中所有值的列表。例如：

```
>>> student = {"name":"张三","gender":"男","age":19}
>>> student.values()
dict_values(['张三','男',19])
```

④dic. items( )：获取包含字典 dic 中所有（键，值）元组的列表。例如：

```
>>> student = {"name":"张三", "gender":"男", "age":19}
>>> student.items()
dict_items([('name', '张三'), ('gender', '男'), ('age', 19)])
```

⑤dic. copy( )：获取字典 dic 的一个副本。例如：

```
>>> dict1 = {1:"AAA", 2:"BBB", 3:"CCC"}
>>> dict1.copy()
{1: 'AAA', 2: 'BBB', 3: 'CCC'}
```

⑥dic. clear( )：删除字典 dic 中的所有元素。例如：

```
>>> dict1 = {1:"AAA", 2:"BBB", 3:"CCC"}
>>> dict1.clear()
>>> dict1
{}
```

⑦dic. pop(key)：从字典 dic 中删除键 key 并返回相应的值。例如：

```
>>> dict1 = {1:"AAA",2:"BBB",3:"CCC"}
>>> dict1.pop(2)
'BBB'
>>> dict1
{1: 'AAA', 3: 'CCC'}
```

⑧dic. pop(key[,value])：从字典 dic 中删除键（key）并返回相应的值，如果键（key）在字典 dic 中不存在，则返回 value 的值（默认为 None）。例如：

```
>>> dict1 = {1:"AAA", 2:"BBB", 3:"CCC"}
>>> dict1.pop(3, "不存在")
'CCC'
>>> dict1.pop(6, "不存在")
'不存在'
>>> dict1
{1: 'AAA', 2: 'BBB'}
```

⑨dic. popitem( )：该方法从字典 dic 中删除最后一个元素并返回一个由键和值构成的元组。例如：

```
>>> dict1 = {1:"AAA", 2:"BBB", 3:"CCC"}
>>> dict1.popitem()
(3, 'CCC')
>>> dict1
{1: 'AAA', 2: 'BBB'}
```

⑩dic. get(key[, value])。该方法用于获取字典 dic 中键（key）对应的值，如果键未包

含在字典 dic 中，则返回 value 的值（默认为 None）。例如：

```
>>> dict1 = {1:"AAA", 2:"BBB", 3:"CCC"}
>>> dict1.get(3)
'CCC'
>>> dict1.get(6, "不存在")
'不存在'
```

⑪dic. setdefault(key[，value])：如果字典 dic 中存在键，则该方法返回键对应的值，否则在字典 dic 中添加键值对并返回 value 的值，value 默认为 None。例如：

```
>>> dict1 = {1:"AAA", 2:"BBB", 3:"CCC"}
>>> dict1.setdefault(3, "KKK")
'CCC'
>>> dict1.setdefault(4, "MMM")
'MMM'
>>> dict1
{1: 'AAA', 2: 'BBB', 3: 'CCC', 4: 'MMM'}
```

⑫dic1. update(dic2)。该方法用于将字典 dic2 中的元素添加到字典 dic1 中。例如：

```
>>> dict1 = {1:"AAA",2:"BBB",3:"CCC"}
>>> dict1.update({4:"DDD",5:"EEE"})
>>> dict1
{1: 'AAA', 2: 'BBB', 3: 'CCC', 4: 'DDD', 5: 'EEE'}
```

2. 程序代码

```
students = []
print("学生信息录入系统")
print("-"*60)
while 1:
    student = {}
    student["姓名"] = input("输入姓名:")
    student["性别"] = input("输入性别:")
    student["年龄"] = int(input("输入年龄:"))
    students.append(student)
    choice = input("继续输入吗? (Y/N)")
    if choice.upper() == "N":break
print("-"*60)
print("录入结果如下:")
for key in students[0]:
    print("{0:6}".format(key), end = "")
print()
for stu in students:
    for value in stu.values():
        print("{0:<6}".format(value), end = "")
    print()
```

运行结果：

```
学生信息录入系统
***************************************************
输入姓名：张三
输入性别：男
输入年龄：18
继续输入吗？(Y/N)Y
输入姓名：李四
输入性别：女
输入年龄：19
继续输入吗？(Y/N)Y
输入姓名：王五
输入性别：男
输入年龄：20
继续输入吗？(Y/N)N
***************************************************
录入结果如下：
姓名      性别     年龄
张三      男       18
李四      女       19
王五      男       20
```

任务 4.4　集合

任务 4.4.1　集合的创建

分别创建可变集合和不可变集合。

在 Python 中，集合（set）是一些不重复元素的无序组合。与列表和元组等有序序列不同，集合并不记录元素的位置，因此对集合不能进行索引和切片等操作。不过，用于序列的一些操作和函数也可以用于集合，例如，使用 in 运算符判断元素是否属于集合，使用 len( ) 函数求集合的长度，使用 max( ) 和 min( ) 函数求最大值和最小值，使用 sum( ) 函数求所有元素之和，使用 for( ) 循环遍历集合等。

集合分为可变集合和不可变集合。对于可变集合，可以添加和删除集合元素，但其中的元素本身却是不可修改的，因此集合的元素只能是数值、字符串或元组。可变集合不能作为其他集合的元素或字典的键使用，不可变集合则可以作为其他集合的元素和字典的键使用。两种类型的集合需要使用不同的方法来创建。

1. 创建可变集合

创建可变集合的最简单方法是使用逗号分隔一组数据并放在一对花括号中。例如：

```
>>> set1 = {1,2,3,4,5,6}
>>> type(set1)
```

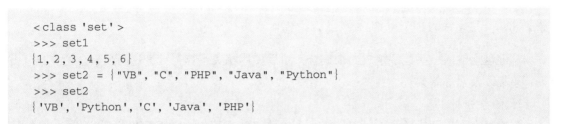

```
<class 'set'>
>>> set1
{1, 2, 3, 4, 5, 6}
>>> set2 = {"VB", "C", "PHP", "Java", "Python"}
>>> set2
{'VB', 'Python', 'C', 'Java', 'PHP'}
```

集合中的元素可以是不同的数据类型。例如：

```
>>> set3 = {1, 2, 3, "AAA", "BBB", "CCC"}
>>> set3
{1, 2, 'AAA', 3, 'BBB', 'CCC'}
```

集合中不能包含重复元素。如果创建可变集合时使用了重复的数据项，Python 会自动删除重复的元素，因而常使用集合来实现数据的去重。例如：

```
>>> set4 = {1, 1, 1, 2, 2, 2, 3, 3, 3, 4, 4, 4, 5, 5, 5, 6, 6, 6}
>>> set4
{1, 2, 3, 4, 5, 6}
```

在 Python 中，可变集合是使用内置的 set 类来定义的。使用集合类的构造函数 set( ) 可以将字符串、列表和元组等序列类型转换为可变集合。例如：

```
>>> set5 = set()
>>> set6 = set([1,2,3,4,5,6])
>>> set7 = set((1,2,3,4,5,6))
>>> set8 = set(x for x in range(100))
>>> set9 = set("Python")
```

在上述例子中，set5 是一个空集合，不包含任何元素。在 Python 中，创建空集合只能使用 set( ) 而不能使用{}，如果使用{}，则会创建一个空字典。

2. 创建不可变集合

不可变集合可以通过调用 frozenset( ) 函数来创建，调用格式如下：

```
frozenset([iterable])
```

其中，参数 iterable 为可选项，用于指定一个可迭代对象，例如，列表、元组、可变集合、字典等。frozenset( ) 函数用于返回一个新的 frozenset 对象，即不可变集合；如果不为它提供参数，则会生成一个空集合。例如：

```
>>> fz1 = frozenset(range(10))
>>> fz1
frozenset({0, 1, 2, 3, 4, 5, 6, 7, 8, 9})
>>> fz2 = frozenset("Hello")
>>> fz2
frozenset({'l', 'H', 'o', 'e'})
```

任务 4.4.2　集合的基本操作

从键盘上输入一些数字组成两个集合，然后使用相关运算符计算这两个集合的交集、并集、差集以及对称差集。

1. 任务分析

创建集合可以分成两步走，首先将输入的数字装入元组中，然后再将元组传入 set() 函数，由此返回集合对象，接着即可使用相关运算符进行各种集合运算。

集合支持的操作很多，主要包括：通过集合运算计算交集、并集、差集以及对称差集；使用关系运算符对两个集合进行比较，以判断一个集合是不是另一个集合的子集或超集；将一个集合并入另一个集合中；使用 for 循环来遍历集合中的所有元素。

传统的集合运算包括交集、并集、差集以及对称差集。对集合这种数据结构，Python 提供了求交集、并集、差集以及对称差集等集合运算。各种集合运算的含义如图 4 – 1 所示。

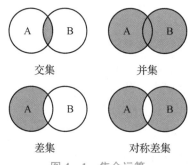

图 4 – 1　集合运算

（1）计算求交集

所谓交集，是指两个集合共有的元素组成的集合，可以使用运算符 "&" 计算两个集合的交集。例如：

```
>>> set1 = {1,2,3,4,5}
>>> set2 = {3,4,5,6,7}
>>> set1 & set2
{3,4,5}
```

（2）计算并集

所谓并集，是指包含两个集合所有元素的集合，可以使用运算符 "｜" 计算两个集合的并集。例如：

```
>>> set1 = {1,2,3,4,5}
>>> set2 = {3,4,5,6,7}
>>> set1 ｜ set2
{1,2,3,4,5,6,7}
```

（3）计算差集

对于集合 A 和集合 B，由所有属于集合 A 但不属于集合 B 的元素所组成的集合称为集合 A 和集合 B 的差集，可以使用运算符 "–" 计算两个集合的差集。例如：

```
>>> set1 = {1, 2, 3, 4, 5}
>>> set2 = {3, 4, 5, 6, 7}
>>> set1 – set2
{1, 2}
```

（4）计算对称差集

对于集合 A 和集合 B，由所有属于集合 A 或集合 B 但不属于 A 和 B 的交集的元素所组成的集合称为集合 A 和集合 B 的对称差集，可以使用运算符 "^" 计算两个集合的对称差集。例如：

```
>>> set1 = {1, 2, 3, 4, 5}
>>> set2 = {3, 4, 5, 6, 7}
>>> set1 ^set2
{1, 2, 6, 7}
```

2. 程序代码

```
tuple1 = eval(input("请输入一些数字组成第一个集合: "))
tuple2 = eval(input("请再输入一些数字组成第二个集合: "))
set1 = set(tuple1)
set2 = set(tuple2)
print(" – " * 56)
print("创建的两个集合如下:")
print("set1 = {0}".format(set1))
print("set2 = {0}".format(set2))
print(" – " * 56)
print("集合运算结果如下:")
print("交集: set1&set2 = {0}".format(set1 & set2))
print("并集: set1│set2 = {0}".format(set1 │ set2))
print("差集: set1 – set2 = {0}".format(set1 – set2))
print("对称差集: set1^set2 = {0}".format(set1 ^set2))
```

运行结果：

```
请输入一些数字组成第一个集合:1,2,3,4,5
请再输入一些数字组成第二个集合:3,4,5,6,7,8
––––––––––––––––––––––––––
创建的两个集合如下:
set1 = {1, 2, 3, 4, 5}
set2 = {3, 4, 5, 6, 7, 8}
––––––––––––––––––––––––––
集合运算结果如下:
交集: set1&set2 = {3, 4, 5}
并集: set1│set2 = {1, 2, 3, 4, 5, 6, 7, 8}
差集: set1 – set2 = {1, 2}
对称差集: set1^set2 = {1, 2, 6, 7, 8}
```

任务 4.4.3　集合的比较操作

从键盘输入一些数字组成两个集合，然后使用相关运算符判断第一个集合是不是第二个集合的真子集、子集、真超集以及超集。

1. 任务分析

使用关系运算符可以对两个集合进行比较，比较的结果是一个布尔值。

（1）判断相等

使用运算符"=="可以判断两个集合是否具有相同的元素，若是，则返回 True，否则返回 False。例如：

```
>>> set1 = {1,2,3,4,5,6}
>>> set2 = {2,1,1,3,6,3,5,4,5}
>>> set1 == set2
True
```

（2）判断不相等

使用运算符"!="可以判断两个集合是否具有不相同的元素，若是，则返回 True，否则返回 False。例如：

```
>>> set1 = {1,2,3,4,5}
>>> set2 = {3,1,2,6,5,4}
>>> set1 != set2
True
```

（3）判断真子集

如果集合 set1 不等于 set2，并且 set1 中的所有元素都是 set2 的元素，则 set1 是 set2 的真子集。使用运算符"<"可以判断一个集合是否为另一个集合的真子集，若是，则返回 True，否则返回 False。例如：

```
>>> set1 = {1,2,3,4,5}
>>> set2 = {3,1,2,6,5,4}
>>> set1 < set2
True
```

（4）判断子集

如果集合 set1 中的所有元素都是集合 set2 的元素，则集合 set1 是集合 set2 的子集。使用运算符"<="可以判断一个集合是不是另一个集合的子集，若是，则返回 True，否则返回 False。例如：

```
>>> set1 = {1,2,3,4,5}
>>> set2 = {3,1,2,6,4,5}
>>> set1 <= set2
True
```

（5）判断真超集

如果集合 set1 不等于集合 set2，并且 set2 中的所有元素都是 set1 的元素，则集合 set1 是集合 set2 的真超集。使用运算符"＞"可以判断一个集合是不是另一个集合的真超集，若是，则返回 True，否则返回 False。例如：

```
>>> set1 = {1, 2, 3, 4, 5}
>>> set2 = {3, 1, 2, 6, 4, 5}
>>> set2 > set1
True
```

（6）判断超集

如果集合 set2 中的所有元素都是 set1 的元素，则集合 set1 是集合 set2 的超集。使用运算符"＞="可以判断一个集合是不是另一个集合的超集，若是，则返回 True，否则返回 False。例如：

```
>>> set1 = {1, 2, 3, 4, 5}
>>> set2 = {3, 1, 2, 6, 4, 5}
>>> set2 >= set1
True
```

2. 程序代码

```
tuple1 = eval(input("请输入一些数字组成第一个集合: "))
tuple2 = eval(input("请再输入一些数字组成第二个集合: "))
set1 = set(tuple1)
set2 = set(tuple2)
print("-"*66)
print("创建的两个集合如下: ")
print("set1 = {0}".format(set1))
print("set2 = {0}".format(set2))
print("-"*66)
print("集合的关系如下: ")
print("集合set1{0}集合set2".format("等于" if set1 == set2 else "不等于"))
print("集合set1{0}集合set2 的真子集".format("是" if set1 < set2 else "不是"))
print("集合set1{0}集合set2 的子集".format("是" if set1 <= set2 else "不是"))
print("集合set2{0}集合set1 的真超集".format("是" if set2 > set1 else "不是"))
print("集合set2{0}集合set1 的超集".format("是" if set2 >= set1 else "不是"))
```

运行结果：

```
请输入一些数字组成第一个集合:1,3,2,2,1,4,1,5
请再输入一些数字组成第二个集合:6,1,3,2,4,5,7,8
---------------------------------
创建的两个集合如下:
set1 = {1, 2, 3, 4, 5}
set2 = {1, 2, 3, 4, 5, 6, 7, 8}
---------------------------------
```

集合的关系如下:
集合 set1 不等于集合 set2
集合 set1 是集合 set2 的真子集
集合 set1 是集合 set2 的子集
集合 set2 是集合 set1 的真超集
集合 set2 是集合 set1 的超集

3. 任务拓展

（1）集合的并入

对于可变集合，可以使用运算符"｜="将一个集合并入另一个集合中。例如:

```
>>> set1 = {3,1,2,4}
>>> set2 = {5,6,7,8}
>>> set1 |= set2
>>> set1
{1,2,3,4,5,6,7,8}
```

对于不可变集合，也可以进行同样的操作。例如:

```
>>> fz1 = frozenset({1,2,3})
>>> fz2 = frozenset({4,5,6})
>>> fz1 |= fz2
>>> fz1
frozenset({1,2,3,4,5,6})
```

（2）集合的遍历

使用 for 循环可以遍历集合中的所有元素。例如:

```
>>> set1 = {"VB","C","PHP","Python"}
>>> for x in set1:
      print(x, end = "\t")
C      VB      Python      PHP
```

任务 4.4.4　集合的常用方法（1）：集合的运算

从键盘上输入一些数字组成两个集合，然后通过调用集合对象的相关方法，判断两个集合之间的关系，并计算两个集合的交集、并集、差集和对称差集。

1. 任务分析

集合对象拥有许多成员方法，其中有一些同时适用于所有集合类型，另一些只适用于可变集合类型。此次任务主要学习适用于所有集合的方法。下列方法不会修改原集合的内容，可以用于可变集合和不可变集合。

（1）set1. issubset(set2)

如果集合 set1 是集合 set2 的子集，则该方法返回 True，否则返回 False。

```
>>> set1 = {1, 2, 3, 4, 5}
>>> set2 = {8, 6, 3, 6, 1, 2, 4, 5}
>>> set1.issubset(set2)
True
```

（2）set2.issuperset(set1)

如果集合 set2 是集合 set1 的超集，则该方法返回 True，否则返回 False。

```
>>> set1 = {1, 2, 3, 4, 5}
>>> set2 = {8, 6, 3, 6, 1, 2, 4, 5}
>>> set2.issuperset(set1)
True
```

（3）set1.isdisjoint(set2)

如果集合 set1 和集合 set2 没有共同元素，则该方法返回 True，否则返回 False。

```
>>> set1 = {1,2,3,4,5}
>>> set2 = {8,6,3,6,1,2,4,5}
>>> set1.isdisjoint(set2)
False
```

（4）set1.intersection(set2,…, setN)

该方法用于计算集合 set1，set2,…,setN 的交集。

```
>>> set1 = {1, 2, 3, 4, 5}
>>> set2 = {8, 6, 3, 6, 1, 2, 4, 5}
>>> set1.intersection(set2)
{1, 2, 3, 4, 5}
```

（5）set1.union(set2,…, setN)

该方法用于计算集合 set1，set2, …, setN 的并集。

```
>>> set1 = {1, 2, 3, 4, 5}
>>> set2 = {8, 6, 3, 6, 1, 2, 4, 5}
>>> set1.union(set2)
{1, 2, 3, 4, 5, 6, 8}
```

（6）set1.difference(set2)

该方法用于计算集合 set1 与 set2 的差集。

```
>>> set1 = {1, 2, 3, 4}
>>> set2 = {3, 4, 5, 6, 7, 8}
>>> set1.difference(set2)
{1, 2}
```

（7）set1.symmetric_difference(set2)

该方法用于计算集合 set1 与 set2 的对称差集。

```
>>> set1 = {1,2,3,4}
>>> set2 = {3,4,5,6,7,8}
>>> set1.symmetric_difference(set2)
{1,2,5,6,7,8}
```

（8）set1. copy( )

该方法用于复制集合 set1。

```
>>> set1 = {3,1,2,1,3,5,4,6}
>>> set1.copy()
{1,2,3,4,5,6}
```

2. 程序代码

```
tuple1 = eval(input("请输入一些数字组成第一个集合："))
tuple2 = eval(input("请再输入一些数字组成第二个集合："))
set1 = set(tuple1)
set2 = set(tuple2)
print("-"*66)
print("创建的两个集合如下：")
print("set1 = {0}".format(set1))
print("set2 = {0}".format(set2))
print("-"*66)
print("集合运算结果如下：")
print("集合 set1 是集合 set2 的子集吗？ ",set1.issubset(set2))
print("集合 set1{0}集合 set2 的超集吗？ ",set1.issuperset(set2))
print("交集：",set1.intersection(set2))
print("并集：",set1.union(set2))
print("差集：",set1.difference(set2))
print("对称差集：",set1.symmetric_difference(set2))
```

运行结果：

```
请输入一些数字组成第一个集合：1,2,3,4,5,6
请再输入一些数字组成第二个集合：1,2,3
------------------------------
创建的两个集合如下：
set1 = {1,2,3,4,5,6}
set2 = {1,2,3}
------------------------------
集合运算结果如下：
集合 set1 是集合 set2 的子集吗？ False
集合 set1{0}集合 set2 的超集吗？ True
交集：{1,2,3}
并集：{1,2,3,4,5,6}
差集：{4,5,6}
对称差集：{4,5,6}
```

任务 4.4.5　集合的常用方法（2）：集合的修改

随机生成一个集合，然后通过调用集合对象的相关方法对该集合进行修改操作。

1. 任务分析

本任务主要学习仅适用于可变集合的方法。

（1）set1.add(x)

在集合 set1 中添加元素 x。

```
>>> set1 = {1,2,3,4,5,6}
>>> set1.add("Hello")
>>> set1
{1,2,3,4,5,6,'Hello'}
```

（2）set1.update(set2,set3,…,setN)

该方法使用集合 set2,set3,…,setN 拆分成单个数据项，并添加到集合 set1 中。

```
>>> set1 = {1,2,3}
>>> set1.update({100,200,300},{"AAA","BBB","CCC"})
>>> set1
{1,2,3,100,'AAA','BBB',200,300,'CCC'}
```

（3）set1.intersection_update(set2,set3,…,setN)

求出集合 set1,set2,set3,…,setN 集合的交集，并将结果赋给 set1。

```
>>> set1 = {1,2,3,4,5,6}
>>> set1.intersection_update({3,4,5,6,7,8},{5,6,7,8,9})
>>> set1
{5,6}
```

（4）set1.difference_update(set2,set3,…,setN)

求出属于集合 set1 但不属于集合 set2,set3,…,setN 的元素，并将结果赋给 set1。

```
>>> set1 = {1,2,3,4,5,6,7,8,9,10}
>>> set1.difference_update({3,4},{7,8})
>>> set1
{1,2,5,6,9,10}
```

（5）set1.symmetric_difference_update(set2)

求出集合 set1 和 set2 的对称差集，并将结果赋给 set1。

```
>>> set1 = {1,2,3,4,5,6}
>>> set1.symmetric_difference_update({4,5,6,7,8,9})
>>> set1
{1,2,3,7,8,9}
```

（6）set1. remove(x)

该方法用于从集合 set1 中删除元素 x，若 x 不存在于集合 set1 中，则会出现 KeyError 错误。

```
>>> set1 = {1, 2, 3, 4, 5, 6}
>>> set1.remove(4)
>>> set1
{1, 2, 3, 5, 6}
>>> set1.remove(4)
Traceback (most recent call last):
  File "<pyshell#38>", line 1, in <module>
    set1.remove(4)
KeyError: 4
```

（7）set1. discard(x)

该方法用于从集合 set1 中删除元素 x，若 x 不存在于集合 set1 中，也不会引发任何错误。

```
>>> set1 = {1, 2, 3, 4, 5, 6}
>>> set1.discard(4)
>>> set1
{1, 2, 3, 5, 6}
>>> set1.discard(4)
>>> set1
{1, 2, 3, 5, 6}
```

（8）set1. pop()

该方法用于从集合 set1 中弹出一个元素，即删除并返回该元素。

```
>>> set1 = {1,2,3,4,5,6}
>>> set1.pop()
1
>>> set1.pop()
2
>>> set1
{3, 4, 5, 6}
```

（9）set1. clear()

该方法用于删除集合 set1 中的所有元素。

```
>>> set1 = {1, 2, 3, 4, 5, 6}
>>> set1.clear()
>>> set1
set()
```

2. 程序代码

```
import random
```

```
set1 = set([int(100 * random.random()) for i in range(5)])
print("集合内容: ", set1)
print("集合长度: ", len(set1))
print("集合求和: ", sum(set1))
print("集合最大元素: ", max(set1))
print("集合最小元素: ", min(set1))
set1.add(20)
print("执行 add 方法后集合内容: ", set1)
set1.update({10,20,30})
print("执行 update 方法后集合内容: ", set1)
set1.remove(20)
print("执行 remove 方法后集合内容: ", set1)
set1.pop()
print("执行 remove 方法后集合内容:", set1)
set1.clear()
print("执行 remove 方法后集合内容:", set1)
```

运行结果:

```
集合内容: {66,26,10,90,29}
集合长度: 5
集合求和: 221
集合最大元素: 90
集合最小元素: 10
执行 add 方法后集合内容: {66,26,10,20,90,29}
执行 update 方法后集合内容: {66,26,10,20,90,29,30}
执行 remove 方法后集合内容: {66,26,10,90,29,30}
执行 remove 方法后集合内容: {26,10,90,29,30}
执行 remove 方法后集合内容: set()
```

任务 4.4.6　集合与列表的比较

把集合和列表进行相互转换。

1. 任务分析

集合和列表都可以用来存储多个元素, 都可以通过内置函数 len()、max() 和 min() 来计算长度、最大元素和最小元素, 可变集合和列表都是可变对象。但集合和列表也有很多区别, 主要表现在以下几个方面:

①集合是用花括号或 set() 函数定义的, 列表则是用方括号或 list() 函数定义的。

②集合中不能存储重复的元素, 列表则允许存储重复的元素。

③集合中的元素是无序的, 因此不能通过索引或切片来获取元素; 列表中的元素则是有序的, 因此可以通过索引或切片来获取元素。

④对于集合, 可以判断集合关系, 也可以进行各种集合运算, 这些都是集合所特有的。

根据需要, 也可以在集合和列表之间进行相互转换。如果将一个集合作为参数传入 list() 函数, 则可以返回一个列表对象。反过来, 如果将一个列表作为参数传入 set() 函数,则可以返回一个集合对象。

2. 程序代码

（1）集合转列表

```
>>> set1 = {6,1,3,2,1,4,2,5,3}
>>> list1 = list(set1)
>>> list1
```

运行结果：

```
[1,2,3,4,5,6]
```

（2）列表转集合

```
>>> list1 = [1,2,3,4,1,2,5,1,6]
>>> set1 = set(list1)
>>> set1
```

运行结果：

```
{1,2,3,4,5,6}
```

项目小结

本项目中，详细介绍了列表、元组、字典和集合这几种典型的数据结构的创建、相关操作以及常用方法等的语法和用法，它们既有相似的地方，又有自己的特点，功能丰富且强大。

列表（list）属于有序可变序列，可以通过索引和切片对其进行修改，当中的元素不需要具有相同的数据类型，可以是整数和字符串，也可以是列表和集合等。元组（tuple）与列表类似，不同之处在于列表是可变对象，元组则是不可变对象。因此，元组一经创建，其元素便不能修改。字典（dictionary）属于可变类型，在字典中可以包含任何数据类型。字典由一组键及与其对应的值构成的，键与对应的值之间用冒号分割，所有键及与其对应的值都放置在一对花括号内。集合（set）是一些不重复元素的无序组合，与列表和元组等有序序列不同，集合并不记录元素的位置，因此对集合不能进行索引和切片等操作。不过，用于序列的一些操作和函数也可以用于集合。

习　　题

一、选择题

1. 关于列表数据结构，下列描述正确的是（　　）。

A. 可以不按顺序查找元素　　　　　　　　B. 必须按顺序插入元素

C. 不支持 in 运算符　　　　　　　　　　D. 所有元素类型必须相同

2. 要在列表指定位置插入新的元素，可以调用列表对象的（　　　）方法。

A. extend( )　　　　　B. insert( )　　　　　C. pop( )　　　　　D. remove( )

3. 通过赋值语句 a = {1,2,3,4}，可将一个（　　　）对象引用赋给变量 a。

A. 元组　　　　　　　B. 列表　　　　　　　C. 集合　　　　　　　D. 字典

4. 在 Python 中可以更改的数据类型是（　　　）。

A. 元组　　　　　　　B. 字符串　　　　　　C. 数字　　　　　　　D. 列表

5. 计算两个集合的并集，应当使用（　　　）运算符。

A. &　　　　　　　　B. ^　　　　　　　　C. |　　　　　　　　D. –

6. 判断一个集合是否为另一个的子集，需使用（　　　）运算符。

A. <=　　　　　　　　B. <　　　　　　　　C. >　　　　　　　　D. >=

7. 下面语句中，定义了一个字典的是（　　　）。

A.（1, 2, 3）　　　　B.［1, 2, 3］　　　　C. {1, 2, 3}　　　　D. {}

8. 下面关于字典的定义，错误的是（　　　）。

A. 值可以为任意类型的 Python 对象　　　B. 字典元素用（）包含

C. 属于 Python 中可变数据类型　　　　　D. 可以对整个字典进行删除

9.（多选题）下列方法中，可以生成包含 1, 3, 5, 7, 9 的数组或列表的有（　　　）。

A.［i for i in range(1,10,2)］　　　　　B. np. arange(1,10,2)

C.［2 * i + 1 for i in range(5)］　　　　D. np. linspace(1,9,5,dtype = int)

10.（多选题）下列语句中，可生成集合或数组 1, 2, 3, 4, 5 的有（　　　）。

A. numpy. arange(1, 6)　　　　　　　　B. numpy. arange(1, 5)

C.［i for i in range(6)］　　　　　　　　D.［i for i in range(1, 6)］

11.（多选题）已知 arr = numpy. arange(0,9,1)，下列语句可以返回数组中的所有偶数的有（　　　）。

A. arr［0::2］　　　　B. arr［::2］　　　　C. arr［1::2］　　　　D. arr［:2:］

二、填空题

1. 不可变集合可以通过调用_____函数来创建。

2. 使用_____运算符可以检测指定键是否存在于字典中。

3. 将一个字典作为参数传入_____函数可以获取该字典中所有键组成的列表。

4. 通过_____可以从列表中取出部分元素构成一个新的列表。

5. 用于获取包含字典 dic 中所有（键，值）元组的列表的方法是_____。

6. 用_____方法可以从集合 set 中删除元素 x，若 x 不存在于集合 set 中，则会出现 KeyError 错误。

7. 有 set1 = {1,2,3,4,5}、set2{3,4,5,6,7}，set1^set2 的结果为_____。

三、程序设计题

1. 统计给定的字符串中，0 ~ 9 中每个数字字符出现的次数。

2. 实现一维数组的选择法排序（升序）。具体过程是：第 1 次扫描数组，选出最小的值，与数组中的第 1 个元素交换位置；第 2 次扫描数组（从第 2 个元素开始），选出第 2 小的值，与数组中第 2 个元素交换位置；依此类推。

3. 编写程序，从键盘输入一些数字组成两个集合，通过调用集合对象的相关方法来判断两个集合的关系并计算两个集合的交集、并集、差集和对称集。

4. 利用本项目的数据结构编写程序，创建一个简单的学生信息录入系统，用于输入学生的姓名、性别、年龄信息，最后显示这些信息。

项目5

函数和模块

随着程序功能的提升，代码会变得越来越长，越来越复杂。如果在解决一个问题时需要编写很多重复的代码，这会让编程毫无乐趣。可以把需要反复执行的代码封装为函数，然后在需要执行该重复代码功能的地方调用封装好的函数，这样不仅让代码更易于编写和理解，更重要的是，可以实现代码的复用，保证代码的一致性。函数可以放在不同的模块文件中，在需要时导入模块，再调用其中的函数，以提高代码的重复利用率。本项目将以任务的方式通过生活中的典型案例来讲解 Python 中如何使用函数和模块来实现代码复用，让程序更加简洁明了。

项目任务：

- 函数的定义与调用
- 变量的作用域
- 匿名函数和递归函数
- 模块与包

学习目标

- 掌握函数定义与调用的方法
- 掌握定义和调用有返回值的函数
- 理解变量作用域
- 掌握 lambda 表达式的定义与用法
- 理解递归函数的执行过程
- 掌握模块和包的定义与使用

任务 5.1 函数的定义与调用

函数是组织好的、实现单一功能或相关联功能的代码段。函数的使用分为定义与调用两部分，本任务将通过案例来讲解 Python 中函数的定义与调用。

任务 5.1.1 函数的定义与调用：打印正方形

打印边长为 n(n > 1) 个星号的正方形。

任务 5.1.1

1. 任务分析

通过前面项目的学习，相信大家都会打印边长为 2 个或者 3 个星号的正方形，代码如下。

```
# 打印边长为 2 个星号的正方形
for i in range(2):
    for i in range (2):
        print("*",end=" ")
    print ()
# 打印边长为 3 个星号的正方形
for i in range(3):
    for i in range (3):
        print("*",end=" ")
    print ()
```

如果需要打印的正方形星号的个数不是确定的，而是随时可变的呢？不妨用一个参数来代替这个不确定的星号的个数，当需要打印星号正方形的时候，只需要直接使用这段代码，修改这个参数的值即可。这种方式就是使用函数，因此，要完成这个任务，首先要定义函数，然后调用这个函数。

在 Python 中，定义函数的语法如下：

```
def 函数名([参数列表]):
    '''注释'''
    函数体
```

定义函数需要注意：

①def：是关键字。

②函数名：尽量取得有意义，也就是通过名字知道函数的功能。

③圆括号：即使该函数不需要接收任何参数，也必须保留一对空的圆括号。

④参数列表：这里的形参不需要说明类型，Python 解释器会根据实参的值自动推断形参类型，参数间用逗号分割。

⑤冒号：函数头部括号后面的冒号必不可少。在 Python 中，冒号表明下一条语句需要缩进。

⑥函数体：相对于 def 关键字必须保持一定的空格缩进。

函数定义好了之后，如果要使用该函数的功能，就要调用这个函数。在 Python 中，调用函数的语法如下：

```
函数名([参数列表])
```

值得注意的是，函数名后面的圆括号不能省略，即使无参数传入。下面通过定义一个函数来完成本任务。

2. 程序代码

```
# 打印正方形的函数
def print_square(x):
```

```
    for i in range(x):
        for j in range(x):
            print("*", end = " ")
        print()

# 调用函数,打印边长为 2 个星号的正方形
print_square (2)
print(" - " * 15)
# 调用函数,打印边长为 4 个星号的正方形
print_square (4)
```

运行结果:

```
* *
* *
---------------
* * * *
* * * *
* * * *
* * * *
```

任务 5.1.2　默认参数:打印杨辉三角

打印杨辉三角前 n 行,要求编写一个函数,接收一个整数 n 作为参数,当未传入参数时,n 取默认值 3。

1. 任务分析

所谓杨辉三角,就是左侧斜边和右侧斜边上的数字都是 1,其余的数字都是它左上方和右上方的两个数字之和。这里定义一个函数,参数给出默认值,当调用该函数未传入参数时,将默认值赋值给该参数,称之为默认值参数。用列表存储杨辉三角的每一行数值,第一行只有 1。从第二行开始,列表第一个元素为 1,中间元素是上一行列表的前一个索引位置元素 + 上一行列表当前索引位置元素,循环完成中间元素的计算,最后追加元素 1。

2. 程序代码

根据上述思想,实现杨辉三角的程序代码如下。

```
def yanghui(n = 3):
    # 存储每一行数据的列表
    num = [1]
    for i in range(1, n + 1):
        print(" " * (n - i + 1), end = "")
        if i == 1:
            print("1")
        else:
            # 临时列表,存储新的一行
            tmp = [1]
            j = 1
```

```
        while j < len(num):
            tmp.append(num[j-1] + num[j])
            j += 1
        tmp.append(1)
        # 新的一行数据准备好,赋值给 num
        num = tmp
        for item in num:
            print(item, end = " ")
        print()

yanghui()
print("-"*10)
yanghui(5)
```

运行结果:

```
    1
   1   1
  1   2   1
----------
        1
      1   1
    1   2   1
   1   3   3   1
  1   4   6   4   1
```

任务 5.1.3　位置参数与关键字参数：输出个人信息

定义一个函数，接收来自键盘输入的学生姓名和年龄，然后在屏幕上输出。

1. 任务分析

本任务实现简单，重点介绍函数调用时的参数传递方式，包括按位置传参数和按关键字传参数。

（1）位置参数

位置参数是一种常用的形式，调用函数时，实参和形参的顺序必须严格一致，而且实参和形参的数目要相等，数据类型要保持兼容。

（2）关键字参数

调用函数时，可以按照参数的名字来传递值，此时参数称为关键字参数。形式参数和实际参数的顺序可以不一致，并不影响参数值的传递结果，因为调用时明确指定了哪个值传递给哪个参数。

2. 程序代码

```
# 形式参数 name 和 age
def print_info(name, age):
```

```
        print("姓名:{0},年龄:{1}".format(name, age))

# 实际参数 data1 和 data2
data1 = input("请输入姓名：")
data2 = input("请输入年龄：")
# 位置参数传入
print_info(data1, data2)
# 关键字参数传入
print_info(age = data2, name = data1)
```

运行结果：

```
请输入姓名：zs
请输入年龄：18
姓名：zs,年龄：18
姓名：zs,年龄：18
```

任务 5.1.4　可变长参数：计算几何形状的周长

给定几何形状的各条边（半径），然后计算其周长或边长。约定：输入一个参数表示圆的半径，两个参数表示长方形，三个参数表示三角形，其他参数一律不处理并提示。要求定义一个函数实现。

1. 任务分析

一般情况下，函数定义时的参数数量和调用时的参数数量要相同。当实际参数的数量与形式参数相等或更多时，可在函数形式参数中定义可变长参数，可变长参数包括元组型和字典型。元组类型的可变长参数，把函数调用时多余的实际参数全部封装为一个元组传给可变长参数。定义元组类型变长参数，只需要在形参名称前加上星号"＊"。如果函数还有其他参数，那么就必须放在变长参数之前。如：

```
# 位置参数 x 和可变长参数 y
def test(x, *y):
    print("第一个参数是：{}".format(x))
    print("可变长参数是：{}".format(y))

# 参数 1 传给位置参数,2 和 3 以元组形式传给可变长参数
test(1, 2, 3)
```

程序执行结果为：

```
第一个参数是：1
可变长参数是：(2, 3)
```

2. 程序代码

基于上述介绍，本任务的程序代码如下。

```
def shape( * length):
```

```
        PI = 3.14
        size = len(length)
        if 0 < size < 4:
            if size == 1:
                print("半径为{0}的圆周长为：{1}"
                      .format(length[0], 2 * PI * length[0]))
            elif size == 2:
                print("边长分别为{0}和{1}的长方形周长为：{2}"
                      .format(length[0], length[1], (length[0] + length[1]) * 2))
            else:
                a = length[0]
                b = length[1]
                c = length[2]
                if (a + b) > c and (a + c) > b and (b + c) > a:
                    print("边长分别为{0}、{1}、{2}的三角形周长为：{3}"
                          .format(a, b, c, a + b + c))
                else:
                    print("长度分别为{0}、{1}、{2}的边长无法构成三角形".format(a,
b, c))
        else:
            print("输入参数错误")

shape(2)
shape(2, 3)
shape(2, 3, 4)
```

运行结果：

```
半径为 2 的圆周长为：12.56
边长分别为 2 和 3 的长方形周长为：10
边长分别为 2、3、4 的三角形周长为：9
```

3. 任务拓展

1）字典类型可变长参数

定义字典类型的可变长参数的方法是在形参名称前面加两个星号 " ＊ "，同样值得注意的是，如果函数还有其他参数，那么就必须放在可变长参数之前。调用函数时，定义的字典类型变长参数可以接收任意多个参数，并将其放入字典中。实参的格式是：键 = 实参值，键后面不能用冒号。如果未提供任何参数，那么相当于是空字典作为参数。

示例如下：

```
def test(a, **b):
    if len(b):
        print("可变长参数为:", end = "")
        for x in b.items():
            print("{0}:{1}".format(x[0], x[1]), end = ";")
```

```
        print("\b")
test(1, name = "zs", age =18)
```

运行结果：

```
可变长参数为：name:zs;age: 18
```

2）函数定义时含所有类型参数

函数定义时，同时存在位置参数、默认参数、可变长参数等，那么要求参数的放置顺序应该为：位置参数、默认参数、元组型可变长参数、字典型可变长参数，默认参数也可以放在元组型可变长参数位置之后，此时默认参数变量只能获取到默认值，因为其他多余的实参会全部被元组型可变长参数变量获取。如果位置错误，运行时报语法错误 SyntaxError。函数调用时，字典型可变长参数通过关键字参数形式传入。示例：

```
def test(a, * c, b = 0, ** d):
    print("位置参数是：{}".format(a))
    print("默认参数是：{}".format(b))
    if len(c):
        print("元组型可变长参数为：", end = "")
        for x in c:
            print("{0}".format(x), end = ";")
        # 转义字符 \b 用于把 for 循环中 print 函数最后一次输出的分号去除
        print("\b")
    if len(d):
        print("字典型可变长参数为：", end = "")
        for x in d.items():
            print("{0}:{1}".format(x[0], x[1]), end = ";")
        print("\b")

test(1, 2, 3, name = "zs", age =18)
```

运行结果：

```
位置参数是：1
默认参数是：0
元组型可变长参数为：2;3
字典型可变长参数为：name:zs;age: 18
```

任务 5.1.5 序列型参数解包：输出个人信息

从键盘输入学生姓名和年龄，构造成一个字典类型数据。定义一个函数，接收该字典类型变量，然后在屏幕上输出。

1. 任务分析

一般调用函数时，其参数是通过位置、关键字、可变长等形式传入，实际参数和函数定义的形式参数类型保持一致。如果形式参数是一般类型变量，实际参数是序列类型的变量，如列表、元组、字典等，那么就需要对传入的序列类型的变量进行解包。实参解包有两种方式：

（1）实参变量前加一个"＊"号

此时解包相当于将序列类型数据的定界符去除，然后各个元素按位置传入函数的形式参数中。对于字典而言，只能对"键"解包，如果要对值解包，可使用"＊dic. values（）"形式，dic 是字典变量名。示例：

```python
def f1(a, b, c):
    print(a, b, c)

# 允许实际参数多于形式参数
def f2(a, b, *c):
    print(a, b, c)

# 元组类型解包
tup1 = (1, 2, 3)
tup2 = (1, 2, 3, 4)
f1(*tup1)
f2(*tup2)
# 列表类型解包
lst = [1, 2, 3]
f1(*lst)
# range 函数序列类型解包
rng = range(5)
f2(*rng)
# 字典类型解包
dic = {"name":"zs", "sex":"男", "age":18}
f1(*dic)
f1(*dic.values())
```

运行结果：

```
1 2 3
1 2 (3, 4)
1 2 3
0 1 (2, 3, 4)
name sex age
zs 男 18
```

（2）实参变量前加两个"＊"号

只适合字典类型，解包时将把各个键值对生成"键＝值"的形式，以关键字参数传入函数。需要注意，函数的形式参数名必须和字典的键名一致，否则，会报 TypeError 错误。示例：

```python
def f(name, sex, age):
```

```
    print(name, sex, age)

# 字典类型解包成关键字参数
dic = {"name":"zs", "sex":"男", "age":18}
f(**dic)
```

运行结果:

```
zs 男 18
```

2. 程序代码

```
def print_info(name, age):
    print("姓名: {0},年龄: {1}".format(name, age))

data1 = input("请输入姓名: ")
data2 = eval(input("请输入年龄: "))
# 字典类型解包
dic = {"name":data1, "age":data2}
print_info(**dic)
```

运行结果:

```
请输入姓名: zs
请输入年龄: 18
姓名: zs,年龄: 18
```

任务 5.1.6 有返回值的函数: 求平均分

假设有若干学生,每个学生考试科目数各不相同,现在要求统计出所有学生、全部科目的最终平均分。定义一个函数获取每个学生的课程数和总分,并实现本任务最终平均分的功能。程序执行时,每个学生的各科成绩单独通过控制台输入(以半角逗号分开)。

1. 任务分析

以前子任务定义的函数只是进行数据处理和打印,没有返回值。如果函数体中有 return 语句,那么该函数就是有返回值的,返回值类型由 Python 解释器自动识别。return 语句语法结构:

```
return 表达式1[,表达式2,…]
```

需要注意的是,函数体中 return 语句应该是函数体的最后一条执行语句。因为执行 return 语句后,便结束了函数的运行,之后的语句便没有意义。如:

```
def add(x, y):
    return (x+y)/2

a = add(1, 2)
print(a)
```

程序执行结果为：

```
1.5
```

Python 支持直接返回多个值，即 return 后面多个表达式用逗号分开的形式实现。调用函数时，可以将函数赋给变量，其语法格式：

```
变量列表 = 函数名(实际参数列表)
```

变量列表有三种情形：

①只有一个变量：此时将函数返回结果以元组形式赋给该变量。

②变量数量等于函数返回值数量：此时函数调用相当于同步赋值语句，同步赋值语句请参考项目 2 任务 2.3.2 的任务拓展。

③变量数量少于函数返回值数量：此时最后一个变量名前需加 " * " 号，表示剩余的返回值数据以列表形式赋给最后一个变量。示例：

```
def add(x, y, z):
    return x, y, z

a, *b = add(1, 2, 3)
print(b)
```

结果输出：[2, 3]。

本任务函数定义时，只有一个参数用于接收学生成绩。每个学生各科目的考试成绩是以逗号分割的字符串，用 eval 函数可得到元组类型数据，因此函数的形式参数接收到了元组类型的实际参数。

2. 程序代码

```
def score_deal(score):
    if isinstance(score, int):
        return 1, score
    return len(score), sum(score)


count = 0
sum_score = 0
while True:
    # 输入学生成绩,以 <Q> 表示退出输入
    data = input("请输入学生成绩,以逗号分开,输入 Q 时结束: ")
    if data.upper() == "Q":
        break
    a, b = score_deal(eval(data))
    count += a
    sum_score += b
print("所有学生各科成绩平均分为{0:.2f}".format(sum_score/count))
```

运行结果为：

请输入学生成绩,以逗号分开,输入 Q 时结束: <u>82</u>
请输入学生成绩,以逗号分开,输入 Q 时结束: <u>73,29</u>
请输入学生成绩,以逗号分开,输入 Q 时结束: <u>82,96,67</u>
请输入学生成绩,以逗号分开,输入 Q 时结束: <u>q</u>
所有学生各科成绩平均分为 71.50

任务 5.2　变量的作用域

变量起作用的代码范围称为变量的作用域,不同作用域内即使变量同名,也不会相互影响。按照作用域的不同,变量分为局部变量和全局变量。

编写函数,计算 $1 + (1 + 2) + \cdots + (1 + 2 + \cdots + n)$ 的结果,要求函数体中使用局部变量和全局变量。

1. 任务分析

在函数内部定义的变量,函数体外不可访问,属于局部变量。在函数外部定义的变量,且出现在函数调用之前,在函数内部也可以直接访问。即函数外部定义的变量在函数内部读取访问时,默认为全局变量。但一旦要修改该变量的值,那么函数体内部的同名变量立刻变成局部变量。要使函数体内能修改全局变量的值,则在修改之前加上如下语句:

```
global 全局变量名
```

该语句一般放在函数体的第一条语句位置。

如果在函数的外部引用函数的形参或者函数体中定义的局部变量,那么就会出现 NameError 错误。

本任务将定义函数 fun( ) 来求 $1 + 2 + \cdots + k$,其中,k 的值是从 n 开始,到 1 结束。函数不用参数传递,而使用全局变量 n,每次计算后,全局变量 n 减 1。函数内部使用了和全局变量 sum 同名的局部变量。具体代码如下。

2. 程序代码

```
def fun():
    # 设定 n 为全局变量
    global n
    # sum 和 i 为局部变量
    sum = 0
    for i in range(1, n +1):
        sum += i
    return sum


n = 100
sum = 0
```

```
while n > 0:
    sum += fun()
    n -= 1
# 注意,字符串格式{0}不能用n替换,因为n一直在减少,最后为0
print("1 +(1 +2) +... +(1 +2 +.. +{0}) ={1}".format(100, sum))
```

运行结果:

```
1 +(1 +2) +... +(1 +2 +.. +100) =171700
```

3. 任务拓展

运行一个 Python 文件, 会自动产生多个以双下划线开始和结束的系统全局变量, 如 __name__、__file__, 前者返回当前运行模块的名称, 后缀返回当前运行模块的全路径文件名。示例:

```
# 文件名为:test.py
print("__name__:", __name__)
print("__file__:", __file__)
```

运行结果:

```
__name__: __main__
__file__: C:/Users/Administrator/PycharmProjects/HelloWorld/test.py
```

任务5.3 匿名函数和递归函数

在 Python 中有两种特殊形式的函数, 即匿名函数和递归函数。本任务将对匿名函数和递归函数进行详细介绍。

任务5.3.1 匿名函数: 四则运算

通过控制台输入运算符号" +、-、*、/", 再输入两个数值(用逗号分开), 最后输出运算结果。要求用匿名函数实现上述功能。

1. 任务分析

匿名函数, 顾名思义, 是指没有函数名的函数。常用于只执行一次或作为某些函数的参数传入, 也可以将匿名函数作为序列型对象的元素。匿名函数也能作为函数的返回值, 即在其他函数中的 return 语句使用匿名函数。通过关键字 lambda 来定义匿名函数, 故也称为 lambda 函数或 lambda 表达式, 其语法格式如下:

```
lambda 参数列表:表达式
```

说明:

(1) 参数列表

匿名函数可以没有参数, 此时冒号":"不能省略。也可以有多个参数, 各参数之间用逗号分开。

（2）表达式

表达式可以使用参数列表的参数，该表达式的值就是匿名函数的返回值。匿名函数只允许一个表达式，并且不允许使用 return 语句。

下面分别介绍匿名函数的应用场景。

1）匿名函数一次调用

将匿名函数赋给一个变量，再通过"变量（实际参数列表）"的形式调用。该变量可理解成函数对象，也可直接使用匿名函数。示例：

```
>>> f = lambda x, y: x + y
>>> f(1, 2)
3
>>> (lambda x, y: x + y)(1, 2)
3
```

2）匿名函数做高阶函数的参数

高阶函数是一种需要多个函数来完成任务的函数。包括两种情形：

（1）一个函数的函数名作为参数传给另外一个函数

下例中，fun1 是普通函数，fun2 是高阶函数。执行高阶函数时，传入的是普通函数的名称，并且普通函数名后不允许带括号。

```
# 定义普通函数
def fun1():
    print("运行普通函数")

# 定义高阶函数
def fun2(fun1):
    print("运行高阶函数")
    # 在函数内部,通过传入的函数参数调用普通函数
    fun1()

# 调用高阶函数
fun2(fun1)
```

（2）一个函数返回值为另外一个函数（返回为自己，则为递归）

下例中，fun1 是普通函数，fun2 是高阶函数。执行高阶函数时，传入的是普通函数的名称，普通函数名后不允许带括号。调用高阶函数返回了普通函数，然后再执行普通函数，故最后包含括号。

```
# 定义普通函数
def fun1():
    print("运行普通函数")

# 定义高阶函数
```

```
def fun2(fun1):
    print("运行高阶函数")
    # 在函数内部,通过 return 返回普通函数
    return fun1

# 调用高阶函数
fun2(fun1)()
```

3）匿名函数做序列型对象的元素

在创建序列类型对象时，匿名函数直接用作对象的元素，用索引（键）访问对象的元素时，相当于在调用匿名函数，故需要加括号进行传参数。示例：

```
>>> lst = [lambda : 10, lambda x : x ** 2]
>>> lst[0]()
10
>>> lst[1](3)
9
```

4）匿名函数做函数的返回值

在一个函数的函数体中，匿名函数可以作为 return 语句的返回值。调用函数后，相当于返回一个新的函数，返回的函数后还需要用括号传参数，因此出现了两对括号。示例：

```
def fun():
    return lambda x, y: x + y

print(fun()(1, 2))
# 运行结果为:3
```

这里使用两种方法实现本任务，详细代码如下。

2. 程序代码

（1）使用匿名函数做序列型对象的元素

```
calc = [lambda x, y: x + y, lambda x, y: x - y, lambda x, y: x * y, lambda x, y: x / y]
op = input("请输入运算符( + - * /): ")
a, b = eval(input("请输入两个操作数,用逗号分开: "))
if op == '+':
    result = calc[0](a, b)
elif op == '-':
    result = calc[1](a, b)
elif op == '*':
    result = calc[2](a, b)
elif op == '/':
    result = calc[3](a, b)
else:
    print("输入的运算符错误")
    exit()
```

```
print("{0}{1}{2} = {3}".format(a, op, b, result))
```

运行结果：

```
请输入运算符( + - * /): +
请输入两个操作数,用逗号分开:1,2
1 + 2 = 3
```

（2）匿名函数做函数的返回值

```
def fun(op):
    if op == '+':
        return lambda x, y: x + y
    elif op == '-':
        return lambda x, y: x - y
    elif op == '*':
        return lambda x, y: x * y
    elif op == '/':
        return lambda x, y: x / y
    else:
        print("输入的运算符错误")
        exit()

op = input("请输入运算符( + - * /): ")
a, b = eval(input("请输入两个操作数,用逗号分开: "))
result = fun(op)(a, b)
print("{0}{1}{2} = {3}".format(a, op, b, result))
```

运行结果：

```
请输入运算符( + - * /): +
请输入两个操作数,用逗号分开: 1,2
1 + 2 = 3
```

3. 任务拓展

Python 的内置函数 map( )、filter( )、sorted( )等都是可作用于序列对象的高阶函数，注意它们的返回值类型。

（1）map 函数

map 函数的调用形式：

```
map(function, iterable, ...)
```

第一个参数 function 指定映射函数，是针对每一个迭代取值调用的函数；第二个参 iterable 指定可以迭代的对象，迭代对象可以是一个或者多个。map 函数是将函数 function 作用到 iterable 中的每个元素，并返回一个与传入可迭代对象大小一样的 map 对象，该 map 对象可以通过 for 循环进行遍历，也可以将该对象作为参数传入 list( )函数并返回一个新的列表。

示例：求列表中每个元素的平方值。

```
def fun(x):
    return x ** 2

lst = [1, 3, 5]
# 作用于普通函数
map1 = map(fun, lst)
for item in map1:
    print(item, end = " ")
print()
# 作用于匿名函数
map2 = map(lambda x: x ** 2, lst)
for item in map2:
    print(item, end = " ")
```

运行结果：

```
1 9 25
1 9 25
```

（2）filter 函数

filter 函数的调用形式：

```
filter(function,iterable)
```

参数 function 为筛选函数，筛选函数的返回值是布尔型，若是其他类型，将转化为布尔型；参数 iterable 为可迭代对象。filter 函数把传入的筛选函数依次作用于每个元素，筛选函数返回值是 True 时，对应的元素保留。最后得到 filter 对象，该 filter 对象可以通过 for 循环进行遍历，也可以将该对象作为参数传入 list( ) 函数并返回一个新的列表。

示例：求 10 以内的奇数。

```
def is_odd(n):
    return n % 2 == 1

odd1 = filter(is_odd, range(1, 11))
print(list(odd1))
odd2 = filter(lambda x: x%2 == 1, range(1, 11))
for item in odd2:
    print(item, end = " ")
```

运行结果：

```
[1, 3, 5, 7, 9]
1 3 5 7 9
```

（3）sorted 函数

sorted 函数的调用形式：

```
sorted(iterable, key = None, reverse = False)
```

参数 iterable 为用于排序的可迭代对象；参数 key 用于设置排序规则，可传入自定义的排序规则；参数 reverse 指定以升序（False，默认）还是降序（True）进行排序。sorted 函数得到的是一个排好序的列表。

示例：用字典保存了若干学生各科成绩，现在要求用 sorted 函数将学生按总分从大到小排序。

```python
def sum_score(dic):
    return sum(dic[1])

dic = {'zs':[72, 89, 65], 'ls':[85, 59, 74], 'ww':[78, 91, 66]}
res1 = sorted(dic.items(), key = sum_score, reverse = True)
print(res1)
```

运行结果：

```
[('ww', [78, 91, 66]), ('zs', [72, 89, 65]), ('ls', [85, 59, 74])]
```

任务 5.3.2   递归函数：求阶乘

从键盘输入一个正整数，计算并输出其阶乘，要求通过递归函数来实现这个功能。

任务 5.3.2

1. 任务分析

定义一个函数时，如果函数体内直接或者间接地调用了函数自身，这种调用就是递归调用。该函数称为递归函数，递归函数是高阶函数的一种。定义递归函数的一般格式如下：

```
def 函数名([参数列表]):
    # condition: 结束递归调用的边界条件
    if condition:
        # 其他代码
        return something
    else:
        # 其他代码
        # 包含函数名的调用
```

定义递归函数需要注意以下几个要点：

①必须有一个明确的递归结束条件。

②每次递归应使用更小或更简单的输入。

③函数递归深度不能太大，否则会引起内存崩溃。

例如，有一个列表为[1,[2,3,[4,5,[6,[7]]]],8]，现要求把所有元素取出并输出。

```python
def fun(lst):
    for item in lst:
        if type(item) is list:
            fun(item)
        else:
            print(item, end = " ")
```

```
lst = [1,[2,3,[4,5,[6,[7]]]],8]
    fun(lst)
```

运行结果：

```
1 2 3 4 5 6 7 8
```

一个数 n 的阶乘用 n! 表示，那么 n! = 1×2×3×…×n。当 n = 1 时，所得的结果为 1，当 n > 1 时，所得的结果为 n×(n−1)!。因此求 n! 可以分为下面两种情况：

$$n! = \begin{cases} 1 & n \leq 1 \\ n(n-1)! & n > 1 \end{cases}$$

根据上面的情况，可以定义一个函数 fac(n) 来计算 n 的阶乘，依此类推，fac(n−1) 就是计算 n−1 的阶乘，那么 n! = fac(n) = n×fac(n−1)，而 fac(n−1) 实际上是在调用定义的求 n! 的函数 fac(n)，所以，在定义 fac(n) 这个函数时，函数体中有语句 n×fac(n−1)。

2. 程序代码

```
def fac(n):
    if n <= 1:
        return 1
    else:
        return n * fac(n - 1)

num = int(input("请输入一个正整数："))
res = fac(num)
print("{0}!={1}".format(num, res))
```

运行结果：

```
请输入一个正整数:5
5!=120
```

任务 5.4　模块与包

为了方便组织和维护程序代码，可以将相关的代码存放到一个扩展名为 ".py" 的程序文件中。该文件就是一个模块，模块能定义常量、变量、函数、类，也能包含可执行的代码。包是将相关联的模块组织在一起。本任务将通过案例来介绍模块的类别、定义和使用，介绍包的创建和使用。

任务 5.4.1　模块分类：导入模块

导入 os 模块，列出当前程序文件夹下所有文件。

任务 5.4.1

1. 任务分析

Python 之所以开发效率高，主要在于官方和第三方机构提供了大量的模块库供使用。狭义上以 .py 结尾的文件就是模块，包含了 Python 对象定义和 Python 语句。

使用模块中的函数之前需要导入，导入模块就是将一个模块文件全部或指定的内容加载到当前文件。注意，执行当前文件时，导入的模块中的 Python 语句会自动执行，因而模块的 Python 语句部分应该写到"if__name__ == "__main__":"结构中，具体参考本任务拓展部分。一个模块只会被导入一次，不管执行了多少次 import。

当导入一个模块时，系统将依次从"当前目录""系统环境变量指定的目录""pip 安装的默认目录（包含 site – packages 的目录）"中查找，只会导入最先找到的模块。如果未搜索到，将产生 ModuleNotFoundError 错误。

导入模块的主要方式有：

```
# 导入模块或是包,不能导入函数、类、对象等,通常用在内置模块、第三方模块中
import 模块/包名 [as 别名]
# 导入模块、函数、类、对象等,通常用在自定义模块、第三方模块中
from 模块/包名 import 功能名 [as 别名]
# 导入模块中的所有内容,但容易造成重名
from 模块/包名 import *
# 从指定路径导入模块,用在自定义模块中
from 含路径的模块/包名 import 功能名 [as 别名]
```

当一个文档需要导入的模块类型较多时，一般遵循如下导入顺序：标准模块、第三方模块、自定义模块。

不同的导入方法，模块的使用方法也各不同，以函数为例：

```
模块名/包名/别名 . 函数名(参数)
```

Python 的模块分为三类：

1）标准模块（库）

标准库是安装 Python 时自动安装好的，默认情况下，标准模块存储在 Python 安装目录下的 lib 文件夹中。标准库主要包括数学运算、文件操作、字符串处理、系统服务、网络服务等。导入标准模块后，可以通过内置函数 dir( ) 来查看标准模块中的内容，也可以通过内置函数 help( ) 来查看标准模块的信息。以下命令是导入模块 math，分别用 dir 和 help 获得该模块所包含的内容和用法。

```
>>> import math
>>> dir(math)
['__doc__', '__loader__', '__name__', '__package__', '__spec__', 'acos', 'acosh',
'asin', 'asinh', 'atan', 'atan2', 'atanh', 'ceil', 'comb', 'copysign', 'cos', 'cosh',
'degrees', 'dist', 'e', 'erf', 'erfc', 'exp', 'expm1', 'fabs', 'factorial', 'floor',
'fmod', 'frexp', 'fsum', 'gamma', 'gcd', 'hypot', 'inf', 'isclose', 'isfinite', 'isinf
', 'isnan', 'isqrt', 'ldexp', 'lgamma', 'log', 'log10', 'log1p', 'log2', 'modf', 'nan',
'perm', 'pi', 'pow', 'prod', 'radians', 'remainder', 'sin', 'sinh', 'sqrt', 'tan',
'tanh', 'tau', 'trunc']
>>> help(math)
```

```
Help on built - in module math:
...
   cos(x, /)
      Return the cosine of x (measured in radians)···
```

下面介绍几个常用的标准模块中的函数。

（1）random 模块

random 模块提供了很多函数，表 5 - 1 列出了 random 模块的常用函数及功能。

表 5 - 1　random 模块的常用函数及功能

函数	说明
random. random( )	返回 0 与 1 之间的随机浮点数 N，范围为 0≤N<1.0
random. uniform(a,b)	返回 a 与 b 之间的随机浮点数 N，范围为 [a, b] 如果 a 小于 b，则生成的随机浮点数 N 的取值范围为 a≤N≤b 如果 a 大于 b，则生成的随机浮点数 N 的取值范围为 b≤N≤a
random. randint(a,b)	返回一个随机的整数 N，N 的取值范围为 a≤N≤b 注意：a 和 b 的取值必须为整数，并且 a 的值一定要小于 b 的值
random. randrange([start],stop[,step])	返回指定递增基数集合中的一个随机数，基数默认值为 1 start 参数指定范围内的开始值，该值包含在范围内 stop 参数指定范围内的结束值，该值不包含在范围内 step 表示递增基数 注意：上述这些参数必须为整数
random. choice(sequence)	从 sequence 中返回一个随机的元素 sequence 参数可以是列表、元组或字符串 如果 sequence 为空，则会引发 IndexError 异常
random. shuffle(x[,random])	将列表中的元素打乱顺序，直接修改列表 x
random. sample(sequence,k)	从指定序列中随机获取 k 个元素作为一个片段返回，sample 函数不会修改原有序列

示例代码如下：

```
>>> import random
>>> random.random()                    # 生成 1 个随机数
0.7049337095090686
>>> random.uniform(50,100)             # 区间的随机浮点数
```

```
77.00796785510352
>>> random.randint(12,20)                    # 区间的随机整数
15
>>> random.choice(["a","b","c","d"])          #返回一个随机的元素
'c'
>>> random.randrange(2,102,2)                 # 指定序列的随机整数
56
>>> lst = list(range(1,6))                    # 打乱列表元素顺序,直接修改列表
>>> random.shuffle(lst)
>>> lst
[5,3,4,1,2]
>>> list_num = [1,12,23,34,45,56,67,78,99] # 从列表中取样,返回列表
>>> random.sample(list_num,5)
[12,99,1,45,34]
```

（2）time 模块

time 模块中提供了一系列处理时间的函数，表 5 - 2 中列出了其常用函数及功能。

表 5 - 2 time 模块的常用函数

函数	说明
time. time( )	获取当前时间，结果为实数，单位为秒
time. sleep(secs)	推迟调用线程的运行，时长由参数 secs 指定，单位为秒
time. strptime(string[,format])	将一个时间格式（如：2023 - 01 - 23）的字符串解析为时间元组
time. localtime([secs])	将以秒为单位的时间戳转化为以 struct_time 表示的本地时间
time. asctime([tuple])	接受时间元组并返回一个字符串形式的日期和时间
time. mktime(tuple)	将时间元组转换为秒数
strftime(format[,tuple])	接受时间元组并返回字符串表示的当地时间，格式由 format 决定

以下示例演示了 time 模块的部分函数的功能，包括将指定日期生成时间戳，时间戳常在程序开发过程中使用。

```
>>> import time
>>> time.time()                               # 以时间戳显示当前时间
1677769554.2620294
>>> time.localtime()                          # 以时间结构体显示当前时间
time.struct_time(tm_year=2023,tm_mon=3,tm_mday=2,tm_hour=22,tm_min=56,
tm_sec=47,tm_wday=3,tm_yday=61,tm_isdst=0)
>>> time.strftime("%Y-%m-%d %H:%M:%S",time.localtime()) # 按指定格式输出
'2023-03-02 22:56:38'
>>> time.strftime("%a %b %d %H:%M:%S %Y",time.localtime())
```

```
'Thu Mar 02 22:59:04 2023'
>>> time.strptime(str_date, "%Y-%m-%d")        # 将日期转化为时间结构体对象
time.struct_time(tm_year=2023, tm_mon=3, tm_mday=2, tm_hour=0, tm_min=0, tm_
sec=0, tm_wday=3, tm_yday=61, tm_isdst=-1)
>>> time.mktime(time.strptime(str_date, "%Y-%m-%d"))        # 将时间生成时间戳
1677686400.0
```

下面代码演示了 time 模块的 time() 和 sleep() 函数的使用。time() 常用于计算程序运行时间间隔，单位是秒。sleep() 常用于让程序休眠一段时间。

```
import time

start = time.time()
sum = 0
for i in range(1,1000001):
    sum += i
end = time.time()
print(f"计算 1+2+···+10000001={sum}共耗时{end-start:0.2f}秒")
```

运行结果：

```
计算 1+2+···+10000001=500000500000 共耗时 0.68 秒
```

（3）calendar 模块

calendar 模块提供了诸多处理日期的函数，见表 5-3。

表 5-3　calendar 的常用函数

函数	说明
calendar. calendar (year,w=2,l=1,c=6)	返回一个多行字符串格式的 year 指定的年份的年历，三个月一行，间隔距离为 c 的值，每日宽度间隔为 w 字符的值。每行长度为 21*w+18+2*c。L 是每星期行数
calendar. firstweekday()	返回当前每周起始日期的设置 默认情况下，首次载入 calendar 模块时返回 0，即星期一
calendar. isleap(year)	如果 year 指定的年份是闰年，返回 True，否则为 False
calendar. leapdays(y1,y2)	返回在 y1、y2 两年之间的闰年总数
calendar. month (year,month,w=2,l=1)	返回一个多行字符串格式的 year、month 的日历，两行标题，每周一行，每日宽度间隔为 w 字符。每行的长度为 7*w+6。L 指的是每星期的行数
calendar. monthcalendar (year,month)	返回一个整数的单层嵌套列表。每个子列表代表一个星期 year、month 范围内的日子由该月第几日表示，从 1 开始

函数	说明
calendar. monthrange （year，month）	返回两个整数。第 1 个是该月的星期几的日期码，第 2 个是该月的日期码。日期为 0（星期一）～6（星期日），月份为 1（1 月）～12（12 月）
calendar. prcal （year，w=2，l=1，c=6）	相当于 print(calendar. calendar(year，w，l，c))
calendar. setfirstweekday （weekday）	设置每周的起始日期码，0（星期一）～6（星期日）
calendar. weekday （year，month，day）	返回给定日期的日期码，0（星期一）～6（星期日）；月份为 1（1 月）～12（12 月）

示例：列出 2023 年 1 月份的日历。

```
import calendar

cal = calendar.month(2023,1)
print("以下输出 2023 年 1 月份的日历:")
print(cal)
```

运行结果：

```
以下输出 2023 年 1 月份的日历:
    January 2023
Mo Tu We Th Fr Sa Su
                   1
 2  3  4  5  6  7  8
 9 10 11 12 13 14 15
16 17 18 19 20 21 22
23 24 25 26 27 28 29
30 31
```

2）第三方模块

pip 是 Python 包管理工具，该工具随 Python 一起安装，它提供了对 Python 包的查找、下载、安装和卸载的功能。包是管理模块的一种方式。以下示例可查看 pip 的版本。

```
C:\Users\Administrator >pip - -version
pip 21.1.1 from c:\users\...\python38\lib\site-packages\pip (python 3.8)
```

用命令"pip --help"获取帮助，用命令"pip install -U pip"升级 pip 工具。pip 默认从 Python 官方服务器安装包，将 pip 源改为国内镜像服务器能大大提高下载速度。以在 Windows 环境下将 pip 源修改为华为云为例，在当前用户目录下，创建"pip"文件夹，在 pip 文件夹中新建 pip. ini 文件，其内容为：

```
[global]
trusted-host =mirrors.aliyun.com
index-url = http://mirrors.aliyun.com/pypi/simple/
[install]
trusted-host =mirrors.aliyun.com
```

下面介绍 pip 管理包的常用命令。

（1）查看已安装的包

```
C:\Users\Administrator >pip list
Package                 Version
-------------------------------
anyio                   3.6.2
argon2-cffi             21.3.0
......
```

（2）查看已安装的包详情，不带 f 参数时只显示概要

```
C:\Users\Administrator >pip show -f pymssql
Name: pymssql
Version: 2.2.5
Summary: DB-API interface to Microsoft SQL Server for Python. (new Cython-based
version)
Home-page: None
Author: Damien Churchill
Author-email: damoxc@gmail.com
License: LGPL
Location: c:\users\······\python38\lib\site-packages
Requires:
Required-by:
Files:
......
    pymssql\__init__.py
    pymssql\__pycache__\__init__.cpython-38.pyc
    pymssql\_mssql.cp38-win_amd64.pyd
    pymssql\_pymssql.cp38-win_amd64.pyd
```

（3）查询包

官方已经不再支持用"pip search packagename"从官方镜像查询包，需要用浏览器访问"https://pypi. org/search"查询。

（4）离线安装包

从网络下载的离线包后缀为 . whl，可以用 pip install 命令安装。语法结构：

```
pip install filename.whl          # filename.whl 是离线包文件名
```

（5）在线安装包

安装包有以下方式：

```
pip install packagename              # 最新版本,packagename 是包名
pip install packagename==1.0.4       # 指定版本
pip install 'packagename>=1.0.4'     # 最小版本
```

以下是安装示例:

```
C:\Users\Administrator>pip install pymysql==1.0.2
Looking in indexes: https://pypi.tuna.tsinghua.edu.cn/simple
Collecting pymysql==1.0.2
  Downloading
https://pypi.tuna.tsinghua.edu.cn/packages/4f/52/a115fe175028b058df353c5a3d5
290b71514a83f67078a6482cff24d6137/PyMySQL
 -1.0.2-py3-none-any.whl (43kB)
 |███████████████████████████████████████| 43kB  378kB/s
Installing collected packages: pymysql
Successfully installed pymysql-1.0.2
anyio              3.6.2
argon2-cffi        21.3.0
......
```

（6）升级包

命令为 pip install --upgrade packagename。当包未安装时，则自动安装最新版本。

（7）卸载包

卸载包有以下方式:

```
pip uninstall packagename              # 最新版本
pip uninstall packagename==1.0.4       # 指定版本
pip uninstall 'packagename>=1.0.4'     # 最小版本
```

pip 命令不在 Python 环境中运行，如果要在 Python 环境中运行，请在 pip 前加"!"号。示例:

```
!pip install numpy
```

3）自定义模块

用户自己创建的一个 .py 文件，可以在其他文件中导入使用。具体定义和使用将在接下来的子任务中介绍。

os 是操作系统接口模块，os.path 是操作路径的子模块。这些模块提供了大量方法来管理文件和文件夹。

2. 程序代码

本任务的完整代码如下。

```
import os

# 获取当前程序所在的文件夹,系统变量__file__是当前文件全路径名
curr_dir = os.path.dirname(__file__)
```

```
# 用于存放所有文件的列表
file_list = []
lst = os.listdir(curr_dir)                 # 列出文件夹下所有的目录与文件
for i in range(0, len(lst)):
    path = os.path.join(curr_dir, lst[i])  # 将当前文件夹和文件或子文件夹拼接
    if os.path.isfile(path):               # 如果是文件
        file_list.append(lst[i])
print(file_list)
```

运行结果：

```
['client.py', 'server.py', 'demo.py', 'favicon.ico', 'test.py']
```

3. 任务拓展

经常看到作为模块的 Python 文件的执行代码部分有"if __name__ == "__main__":"这种结构一般用于当前模块的测试。当模块被其他文件导入时，这部分代码不会执行。因为执行一个 Python 文件，只有当前运行的文件是程序的入口时，才会生成值为"__main__"的 __name__ 全局变量。被导入的模块的 __name__ 值等于模块名。示例：

模块 test. py 文件：

```
def fun():
    print("模块 test 的__name__值为", __name__, sep = "")

print("执行模块 test 的程序段")
if __name__ == '__main__':
    print("模块 test 的测试语句")
```

主程序文件：

```
import test
print("执行主程序的程序段")
if __name__ == '__main__':
    print("主程序的测试语句")
    print("主程序的__name__值为", __name__, sep = "")
    test.fun()
```

运行结果：

```
执行模块 test 的程序段
执行主程序的程序段
主程序的测试语句
主程序的__name__值为__main__
模块 test 的__name__值为 test
```

任务 5.4.2　自定义模块：计算图形面积

在一个模块中定义计算三角形、长方形、圆形面积的函数，在另外一个模块中调用

这个函数。

1. 任务分析

一个 Python 程序通常由一个主程序和若干模块组成。主程序是程序运行的启动和管理模块，模块则是用户自定义功能的集合，在模块中还可以调用其他模块中的功能。

创建一个模块文件，其名称为 calc_area. py，在文件中写三个函数，分别计算三角形、长方形和圆形的面积。在主程序中导入刚刚创建的模块，便可以调用模块 calc_area 的功能函数。

2. 程序代码

模块 calc_area. py 文件：

```
def tri_area(x, y):
    return x * y /2

def rec_area(x, y):
    return x * y

def cir_area(r):
    return 3.14 * r * r
```

主程序文件：

```
import sys
import calc_area as area                              # 导入模块

graph = input('三角形面积请输入1,长方形面积请输入2,圆形面积请输入3: ')
if graph == "1":
    a, b = eval(input('请输入三角形的底和高(a,b): '))
    s = area.tri_area(a, b)
    t = '三角形'
elif graph == "2":
    a, b = eval(input('请输入长方形的长和宽(a,b): '))
    s = area.rec_area(a, b)
    t = '长方形'
elif graph == "3":
    a = eval(input('请输入圆形的半径 r: '))
    s = area.cir_area(a)
    t = '圆形'
else:
    sys.exit('输入的数字不正确,程序将退出! ')
print(t + '面积={0}'.format(s))
```

运行结果：

```
三角形面积请输入1,长方形面积请输入2,圆形面积请输入3: 3
请输入圆形的半径 r: 8
圆形面积=200.96
```

任务 5.4.3　包：四则运算

创建一个包 calc，包中有四则运算的各个模块，在主程序中导入包，然后使用包里的各个模块完成算术四则运算。

1. 任务分析

包是一个有层次的文件目录结构，它定义了一个由相互关联的模块和子包组成的 Python 应用程序执行环境。简单理解包就是"文件夹"，并且这个文件夹中必须有一个 __init__. py 文件，该文件用于进行包的初始化操作。

Python 程序通常由包（package）、模块（module）和函数组成。模块是处理某一类问题的集合，主要由函数和类组成，而包又由一系列模块组成的集合，如图 5-1 所示。

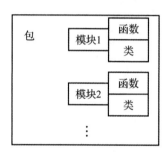

图 5-1　包和模块的结构

本任务在 PyCharm 的工程中新建一个 Python 包，包名称为 calc，开发工具将在当前目录下创建 calc 子目录，同时在 calc 子目录中创建空白的 __init__. py 文件。

接下来在 calc 子目录中依次创建 add. py、sub. py、mul. py、div. py 三个文件，编写对应的计算功能，最后在主程序中导入 calc 包的所有模块，完成测试。

2. 程序代码

各模块代码如下：

```
# add.py
def calc(x, y):
    return x + y#
# sub.py
def calc(x, y):
    return x - y
# mul.py
def calc(x, y):
    return x * y
# div.py
def calc(x, y):
    return x /y
```

主程序代码：

```
# 将包 calc 中所有模块导入
```

```
from calc import add, sub, mul, div

c = input('请输入运算( + - * /): ')
a, b = eval(input('请输入两个整数: '))
if c == " + ":
    result = add.calc(a, b)
elif c == " - ":
    result = sub.calc(a, b)
elif c == "/":
    result = mul.calc(a, b)
elif c == "*":
    result = div.calc(a, b)
else:
    print("无效运算方式!")
print("计算结果为:" + str(result))
```

运行结果:

```
请输入运算( + - * /): +
请输入两个整数: 1,2
计算结果为: 3
```

项目小结

本项目讨论如何在 Python 程序中使用函数和模块，主要内容包括函数的定义、函数的调用、函数参数的传递、有返回值的函数、变量的作用域、递归函数、匿名函数、日期时间函数、随机数函数以及自定义模块、标准模块、第三方模块和包的使用等，还涉及高阶函数等知识。

习　题

一、选择题

1. Python 使用（　　）关键字定义一个匿名函数。

A. function　　　　　　B. func　　　　　　C. def　　　　　　D. lambda

2. random. seed(100) 函数的作用是（　　）。

A. 生成 100 个随机数

B. 使得后续生成的每个随机数都相同

C. 使得后续生成的每个随机数在 100 左右波动

D. 使得每次运行该程序时，产生的随机数序列都相同

3. 包是 Python 模块文件所在的目录，在该包目录中必须有一个文件名为（　　）的包定义文件。

A. __init__. py　　　　B. init. py　　　　C. _init_. py　　　　D. __init. py

4. 通过 Python 内置全局变量（　　）可以获取当前模块文件的完整路径。

A. __loader__　　　　B. __name__　　　　C. __file__　　　　D. __doc__

5. 定义函数时，必须在（　　）名称前添加一个星号。

A. 字典类型变长参数　B. 元组类型变长参数　C. 默认值参数　　　D. 函数对象参数

6. Python 中使用（　　）关键字自定义一个函数。

A. function　　　　B. func　　　　C. def　　　　D. lambda

7. （多选题）Python 函数调用时，参数有（　　）类型。

A. 必需参数　　　　B. 关键字参数　　　　C. 默认参数　　　　D. 不定长参数

二、填空题

1. 函数的文档字符串从函数体的第一行开始，是使用_____注释的多行字符串。

2. 用于将一个整数转换为一个八进制字符串的函数是_____。

3. 全局变量是指在函数_____定义的变量。

4. 在 Python 程序中，优先级别最高的变量为_____。

5. 定义函数时，必须在字典类型变长参数名称前加_____。

6. 向函数传递参数时，如果参数属于_____（例如列表和字典），则在函数内部对形参变量的修改会影响到函数外部的实参变量，这相当于_____传递方式。

三、程序设计题

1. 编写函数，判断一个数字是否为素数，是则返回字符串 YES，否则返回字符串 NO。

2. 用函数递归的方法求阶乘 10！。

3. 编写程序，定义一个通过三角形三条边计算三角形面积的函数。键盘输入三条边长，判断能否构成三角形，若能，则计算三角形的面积；若不能，则返回 None。

4. 编写程序，定义两个函数，用于分别实现加法和减法的运算；要求定义一个装饰器，为前面定义的两个函数添加参数输出功能。

字符串和正则表达式

字符串是 Python 中常用的数据类型。input 函数从键盘获取的输入、文件对象的 readline 方法读取的内容、爬虫模块获取的数据等都是字符串类型的数据。正则表达式是一个特殊的字符序列，或称为模式字符串，用于检查一个字符串与正则表达式的模式字符串是否匹配，或提取、替换匹配结果。正则表达式广泛应用于表单验证、网络爬虫等应用领域。本项目将以任务的方式介绍字符串的基本操作和常用方法，介绍正则表达式基本语法和实现正则表达式的模块 re 的使用。

项目任务

- 玩转字符串
- 正则表达式

学习目标

- 掌握字符串基本操作和常用方法
- 理解常用的字符编码
- 掌握正则表达式的基本语法结构
- 掌握使用 re 模块实现正则表达式功能

任务 6.1 玩转字符串

这里从生成字符串出发，逐步介绍含转义字符的字符串、字符串常见的运算和常用的方法、字符串格式化方式、字符编码等。

任务 6.1.1 定界符：生成字符串

定义 4 个变量分别存储 4 个字符串：①It is Python，②Its Python，③It's Python，④It" s Python's Program。

1. 任务分析

字符串是用单引号、双引号、三引号之一作为定界符而得到的字符序列。如果字符串中有换行（即多行字符串），只能使用三引号定界符。单引号定界的字符串中可包含双引号字符，双引号定界的字符串中可包含单引号字符，三引号定界的字符串可包含单引号、双引号字符。由此可见，这里要存储的 4 个字符串都可使用三引号定界符。另外，第 1 个字符串还可用单引号或双引号定界符，第 2 个字符串还可用单引号定界符，第 3 个字符串还可用双引号定界符。

2. 程序代码

```
a1 = "It is Python"
a2 = 'I"s Python'
a3 = "It's Python"
a4 = '''It"s Python's Program'''
```

3. 任务拓展

字符串是一种不可变的有序序列。定义一个字符串变量，本质上该变量存储了在内存中的字符串的首地址。内置 id 函数用于获取变量或对象的存储地址，另外，内置 len 函数可获取字符串长度。

```
>>> a1 = "hello"
>>> id(a1)
2009315646256
>>> a1 = "world"
>>> id(a1)
2009315646768 #结果说明,变量 a1 指向了另一个存储空间的字符串
>>> a2 = "world"
>>> id(a2)
2009315646768 #结果说明,变量 a1 和 a2 是指向同一个存储空间的字符串
>>> len(a1)
5
```

任务 6.1.2　转义字符：静夜思

以单行字符串方式存储如下形式的《静夜思》：

| 床前明月光 | 疑是地上霜 |
| 举头望明月 | 低头思故乡 |

1. 任务分析

上文存在着无法表述的特殊字符：制表位和换行符，在字符串中可以使用转义字符表示这类字符。和其他语言相同，Python 的字符串中，用反斜杠 \ 后面带字符或数字表示转义字符，如 \t 为制表位，\n 为换行符。

转义字符一般用于表示包含反斜杠、单引号、双引号等有特殊用途的字符或包含回车、换行、制表符等无法表述的字符。常见转义字符见表 6-1。

表 6-1　常用的转义字符

转义字符	描述	转义字符	描述
\	用于行尾，表示续行符	\\	反斜杠

续表

转义字符	描述	转义字符	描述
\'	单引号	\"	双引号
\a	响铃	\b	退格（Backspace）
\n	换行符	\v	纵向制表符
\t	横向制表符	\r	回车符
\f	换页	\000	空字符
\0nn	两位八进制数，以\0 开头，n 代表 0~7，如：\012 代表换行	\xnn	两位十六进制数，以\x 开头，如：\x0a 代表换行
\其他字符	表示其他字符，反斜杠不起转义作用		

2. 程序代码

上述《静夜思》第一、三句后是制表位，第二句后有换行符，因此程序代码如下。

```
s = '床前明月光 \t 疑是地上霜 \n 举头望明月 \t 低头思故乡'
print(s)
```

3. 任务拓展

Python 没有字符类型，只有一个字符的字符串可表示字符类型。在内存中，Python 对字符采用 Unicode 编码，使用 ord 函数可取到字符的整数 Unicode 编码，如 ord('人')，返回 20154。使用 chr（整数）函数可得到该整数 Unicode 编码对应的字符，如 chr(20154) 返回 '人'。字符编码将在任务 6.1.5 进行详细介绍。

另外，Python 中，在字符串前加 r 或 R、f 或 F、u 或 U、b 或 B 有特别用处。

①字符串前加 r 或 R：表示去除反斜杠的转义机制。

```
s = R'床前明月光 \t 疑是地上霜 \n 举头望明月 \t 低头思故乡'
print(s)
```

运行结果：

```
床前明月光 \t 疑是地上霜 \n 举头望明月 \t 低头思故乡
```

②字符串前加 f 或 F：表示支持字符串内的大括号{}中的变量或表达式运算。

```
import datetime
name = "张三"
s = f'{name},您好! \n 今天是:{datetime.date.today()}'
print(s)
```

运行结果：

```
张三,您好!
今天是:2023-02-08
```

③字符串前加 u 或 U：一般在含中文的字符串前加，防止出现乱码。

④字符串前加 b 或 B：表示一个字节类型的对象，此时字符串中一般只允许使用 ASCII 字符。在字符串数据存储到磁盘、发送到网络时，一般要使用字节对象。

```
s = b'Hello world'
print(type(s))
print(s)
```

运行结果：

```
<class 'bytes'>
b'Hello world'
```

任务 6.1.3 字符串运算

将给定的两个字符串"Hello Python" 和"Hello World" 拼接，再把拼接后的字符串重复一次，之后把首尾 1 个字符去除。最后输出结果，并判断字符串"Python" 是否在输出的结果中。

1. 任务分析

Python 为字符串运算提供了 +、*、[ ]、[:]、% 运算符，分别表示连接、重复、按索引位取字符、切片、格式化。还提供了成员运算符 in、not in，用于判断一个字符串是否在另一个字符串中，返回 True 或 False。Python 的第一个索引号是 0。

举例说明，"a"+"b"得到"ab"，"a"*3 得到"aaa"，"Python"[2]得到"t"，"P" in "Python"得到 True，"P" not in "Python"得到 False。

[:] 切片运算在项目 4 的列表任务中有详细介绍，这里不再赘述。格式字符串% 运算符将在接下来的子任务 6.1.4 中进行详细介绍。

2. 程序代码

```
s1 = "Hello Python"
s2 = "Hello World"
s = (s1 + s2) * 2       #字符串连接和重复运算
s = s[1:-1]             #字符串切片操作
print(s)
if 'Python' in s:       #成员运算符
    print("Python在字符串% s中" % s)  #格式字符串
```

运行结果：

```
ello PythonHello WorldHello PythonHello Worl
Python在字符串 ello PythonHello WorldHello PythonHello Worl 中
```

任务 6.1.4 格式化字符串：打印个人信息

通过控制台输入一个同学姓名、身高（以米为单位），要求以格式"学生：×××，身高：×.××米"输出。

1. 任务分析

由于学生姓名和身高是在运行时输入时，要完成本任务，需借助字符串的%格式化符号或 format 方法来实现。假设姓名用变量 name 存储，身高用变量 height 存储。

1）格式化符号%

语法如下：

```
"含%格式串的字符串" % 元组
```

字符串中，%格式串相当于占位，和元组中元素相对应。字符串中有多少个%格式串，元组就要有多少个元素，如果只有一个，则%号后直接跟数值或变量。

在字符串中，%格式串的形式为：

```
%[-][+][0][m][.n]格式字符
```

[ ] 部分表示可省略。其中，[-] 表示左对齐输出，默认时右对齐；[+] 表示正数时加符号 "+"；[0] 表示空位填充 0；[m] 表示最小宽度，当格式字符串宽度小于该值时，以最小宽度为准；[.n] 表示小数位的精度。格式字符包括：s 字符串、c 单个字符、d 或 i 十进制数、o 八进制数、x 十六进制数、e 或 E 指数形式表示、f 或 F 浮点数。

因此，本任务字符串格式化的语句为："学生:%s，身高:%.2f 米" % （name，height）。

2）format 方法

基本语法：

```
字符串.format(参数列表)
```

此时，字符串需要使用大括号{}占位，{}占位符和参数列表相关。大括号中可带编号、关键字。根据{}所包含的内容，分为以下三种用法：

（1）空

此时，参数的数量要和{}占位数量一致。如"{}，{}".format("Hello"，"world")。

（2）带编号（编号是从 0 开始）

使用 "编号"，输出时对应编号的占位符用对应位置的参数值替换。如"{1}，{0}".format("Hello"，"World")得到的字符串为 World，Hello。

使用 "编号：格式字符"，则对应编号的占位符号将依据格式字符的规则输出。格式字符包括：[m.n]% （指定小数位的百分数）、b （二进制）、d （十进制，可省略）、o （八进制）、x 或 X （十六进制）、[m.n] e 或 E （指定小数位的科学记数法）、[m.n] f 或 F （指定小数位的浮点数），其中 m 是总长度，n 是小数位长度，默认是 6 位。示例如下：

```
print("数值{0}用百分数表示为{0:.2%}".format(0.853))
print("数值:{0}的二进制为{0:b},八进制为{0:o},十六进制为{0:X},科学记数法为{0:E}"
.format(123456))
```

运行结果：

```
数值 0.853 用百分数表示为 85.30%
数值:123456 的二进制为 11110001001000000,八进制为 361100,十六进制为 1E240,科学记数法
为 1.234560E+05
```

假如 format 方法的参数存在序列类型数据时，可通过"编号［索引］"来取序列数据的某个元素。如"{0[2]}".format([10,20,30])得到字符串 30。

（3）带关键字

假如 format 方法的参数使用关键字方式传入，那么字符串中占位的大括号{}中需用关键字，如{name}，关键字后还可以用 ":格式字符" 来限定数值类型数据表示的小数位、总长度。

示例：

```
"姓名:{name},身高:{height}".format(name = "张三", height =172)
```

本任务用 format 方法的语句为:"学生:{0},身高:{1:.2f}米".format(name, height)。

2. 程序代码

```
name = input("输入学生姓名:")
height = float(input("输入身高(米):"))
print("学生:% s,身高:% .2f 米" % (name, height))
print("学生:{0},身高:{1:.2f}米".format(name, height))
```

运行结果：

```
输入学生姓名:张三
输入身高(米):1.7
学生:张三,身高:1.70 米
学生:张三,身高:1.70 米
```

3. 任务拓展

1）字符串使用 f 或 F 前缀

Python 官方推荐的字符串格式方法是在字符串前加 f 或 F 前缀，字符串中的格式占位符是{}，并且必须事先定义同名变量。格式占位符的使用规则与带关键字的字符串 format 方法相同。示例：

```
province = 'jiangxi'
city = '南昌'
gdp = 7200
# capitalize 是字符串的方法,用于把首字母转换为大写
print(f"{city}是{province.capitalize()}的省会,2022 年 gdp 为{gdp:5.1f}亿元")
```

运行结果：

```
南昌是 Jiangxi 的省会,2022 年 gdp 为 7200.0 亿元
```

2）字符串的常用方法

到目前为止，已经介绍了字符串的两个方法 format 和 capitalize。表 6 – 2 是字符串的常用方法。注意：当字符串的方法进行修改、替换等操作时，不会直接修改原字符串，而是返回新的字符串。

表6-2 字符串的常用方法

方法	描述	示例
capitalize( )	把首字符转换为大写	" jiangxi ". capitalize( ) -> Jiangxi
casefold( )	把字符串转换为小写	" JiangXi ". casefold( ) -> jiangxi
center( )	返回以某串居中的新字符串,需指定长度	" Python ". center(8," * ") -> * Python *
count( )	返回某串在字符串中出现的次数	" Jiangxi ". count(" i ") -> 2
encode( )	返回字符串的指定类型的编码,默认用 UTF-8 编码	" 江 x ". encode( ) -> b'\xe6\xb1\x9fx' " 江 x ". encode(" gbk ") -> b '\xbd\xadx'
endswith( )	如果字符串以某串结尾,则返回 True	" Jiangxi ". endswith(" xi ") -> True
find( )	某串在字符串中的位置,未找到时返回 -1	" Jiangxi ". find(" xi ") -> 5
format( )	格式化字符串	参考本任务
index( )	某串在字符串中的位置,未找到时报错	" Jiangxi ". index(" xi ") -> 5
isalnum( )	所有字符都是字母、数字时返回 True	" Jiangxi ". isalnum( ) -> True
isalpha( )	所有字符都是字母时返回 True	" Jiangxi ". isalpha( ) -> True
isdecimal( )	所有字符都是十进制数时返回 True	" 85.2 ". isdigit( ) -> False
isdigit( )	所有字符都是数字时返回 True	" 85 ". isdigit( ) -> True
isidentifier( )	字符串是有效标识符时返回 True	" if ". isidentifier( ) -> True " 2if ". isidentifier( ) -> False
islower( )	所有字符都是小写时返回 True	" Python ". islower( ) -> False
isnumeric( )	所有字符都是数时返回 True	" 85.2 ". isdigit( ) -> False
isprintable( )	所有字符都是可打印的时返回 True	" a\tb ". isprintable( ) -> False
isspace( )	所有字符都是空白字符时返回 True	" \t \n ". isspace( ) -> True
isupper( )	所有字符都是大写时返回 True	" Python ". isupper( ) > False
join( )	用字符串连接可迭代对象的每个元素	" - ". join([" a "," b "," c "]) -> a - b - c
lower( )	把字符串转换为小写	" Python ". lower( ) -> python
lstrip( )	清除字符串的左边空格	" Python ". lstrip( ) -> 右边空格保留
strip( )	清除字符串的右边空格	" Python ". lstrip( ) -> 左边空格保留
partition( )	以某串将字符串拆分为三部分数据的元组	" Python ". partition(" y ") -> (' P ' , ' y ' , 'thon ')

续表

方法	描述	示例
replace( )	将某串替换为指定的值,并返回新字符串	"Python". replace("y", "a") -> Pathon
rfind( )	从右边查找某串在字符串中的位置,未找到时返回 -1	"Jiangxi". rfind("i") -> 6
rindex( )	从右边查找某串在字符串中的位置,未找到时报错	"Jiangxi". rindex("i") -> 6
split( )	用指定分隔符拆分字符串,并返回列表	"Python". split('t') -> ['Py', 'hon']
splitlines( )	在换行符处拆分字符串,并返回列表	"Py\nthon". splitlines( ) -> ['Py', 'thon']
startswith( )	以某串开头的字符串时返回 true	"Python". startswith("Py") -> True
swapcase( )	切换大小写,小写成为大写,反之亦然	"Python". swapcase( ) -> pYTHON
title( )	把每个单词的首字符转换为大写	"hi python". title( ) -> Hi Python
upper( )	把字符串转换为大写	"Python". upper( ) -> PYTHON

任务 6.1.5　字符编码:以指定编码保存字符串到文本文件

任务 6.1.5

将字符串 "1234567890 中国江西" 分别以 UTF-8 和 GBK 编码保存到文件 test. txt 和 test2. txt,并查看这两个文件的大小。

1. 任务分析

和其他数据类型不同,字符串数据在存储时,存在字符编码问题。Python 在内存中存储字符串时采用 Unicode 编码,比如函数 ord('中') 得到的值 20013 就是 "中" 的 Unicode 编码。而 20013 的十六进制为 4e2d,因此,字符 '\u4e2d' 和 '中' 是等价的,比如 print('\u4e2d 国')输出的结果是 "中国"。由于不同的字符集编码长度不同,相同的数据以不同字符集编码存储得到的文件大小不同。

2. 程序代码

```
# 以写入方式创建文本文件 test.txt,字符编码时采用 UTF-8
file = open("test.txt", 'w', encoding = 'utf-8')
# 字符串将以 UTF-8 编码写入文件对象
file.write('1234567890 中国江西')
# 关闭文件对象
file.close()
# 以写入方式创建文本文件 test2.txt,字符编码时采用 GBK
```

```
file = open("test2.txt", 'w', encoding = 'gbk')
file.write('1234567890 中国江西')
file.close()
```

运行后，查看两个文件大小，得到图 6-1。图 6-1（a）采用 UTF-8 编码，图 6-1（b）采用 GBK 编码。

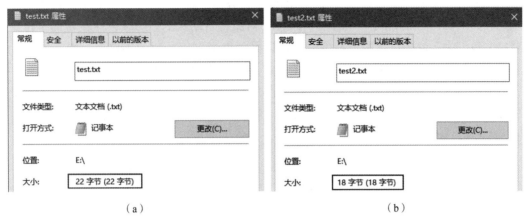

（a）　　　　　　　　　　　　　　　　　　　（b）

图 6-1　相同字符串使用不同编码时的存储大小

3. 任务拓展

1）ASCII、Unicode、UTF-8 编码

ASCII 码只能保存包括英文字符在内的有限字符，为解决中文、阿拉伯文等数据存储问题，Unicode 字符集应运而生。Unicode 把所有语言都统一到一套编码里，通常是 2 字节长度，在 Python 读取字符串到内存时，使用 Unicode 编码。UTF-8 是一种字符编码方案，用于节省存储空间，它将定长的 Unicode 字符变换为可变长度的 ASCII 安全的字节序列，UTF-8 字符的最大长度可以为 4 字节。ASCII 编码实际上可以被看成 UTF-8 编码的一部分，ASCII 编码的文档在 UTF-8 编码中可正常识别。网页的源码上会有类似 < meta charset = "UTF-8" / > 的信息，表示该网页传输时使用 UTF-8 编码。

现在计算机系统通用的字符编码工作方式：在计算机内存中，统一使用 Unicode 编码，当需要保存到硬盘或者需要传输的时候，就转换为 UTF-8 或其他编码。如果保存文本文件未指定字符编码，则系统使用默认编码，下面是查看默认编码的命令。

```
>>> import sys
>>> print(sys.getdefaultencoding())
utf-8
```

2）编码与解码

字符串数据保存到磁盘上时需要转化为字节（bytes）数据。在保存数据时，文件对象 file 自动根据创建或打开文件设定的编码来把数据转化为字节数据。当然，字符串的 encode 方法也可以对字符串数据进行编码。下面代码对"中国"分别使用字符集 UTF-8 和 GBK 进行编码。

```
>>> '中国'.encode( )    #默认使用 UTF-8 进行编码
b'\xe4 \xb8 \xad \xe5 \x9b \xbd'
>>> '中国'.encode('gbk')
b'\xd6 \xd0 \xb9 \xfa'
```

可见，相同字符串用 GBK 编码比用 UTF-8 编码更省空间，进一步解释了图6-1的结果。

从文本文件读取到的数据、网络中获取的字符数据都属于字节数据，需要解码才能正确显示。假如用文件对象 file 读取文件，那么 file 对象将自动根据打开文件时设定的字符集编码对字节数据进行解码。字符数据编码和解码必须保证使用一致的字符集。假如使用 GBK 字符集对数据进行编码，编码的结果再用 UTF-8 字符集解码，系统将报错。如下示例：

```
#默认使用 UTF-8 字符集进行解码,而字符串字节对象使用了 GBK 字符集编码
>>> b'\xd6 \xd0 \xb9 \xfa'.decode( )
Traceback (most recent call last):
  File " <stdin > ", line 1, in <module >
UnicodeDecodeError: 'utf-8' codec can't decode byte 0xd6 in …
>>> b'\xd6 \xd0 \xb9 \xfa'.decode('gbk')
'中国'
```

另外，Python 源代码文件也是文本文件，也需要指定编码，源文件前两行一般是注释。

```
#! /usr/bin/python
# -*- coding: UTF-8 -*-
```

第一行表示指定 Python 解释器，在 Windows 环境下忽略该行；第二行表示对源文件的字符进行编码保存时使用指定的字符集。

任务6.2 正则表达式

正则表达式是一个特殊的字符串，又称为模式字符串。模式字符串中除普通字符之外，还有大量用于匹配、提取和替换数据的，并且具有特殊含义的元字符。Python 内置了完全实现正则表达式功能的模块 re。

任务6.2.1 元字符：编写模式字符串

编写模式字符串，用于检查给定的字符串是否：合法 IP 地址、移动手机号码、合法电子邮件地址、指定格式日期、复杂性密码等。

1. 任务分析

正则表达式 regular expression，本质上是一系列的规则，几乎所有的语言都支持这一套规则。正则表达式用于检查一个字符串与该模式字符串是否匹配以及提取和替换等功能，如从一篇文章中提取所有电话号码。Python 内置模块 re 包含所有正则表达式的功能，C++ 的正则表达式库 regex 实现正则表达式的功能，而 java. util. regex 是 Java 用于实现正则表达式功能的类库包。

这里从介绍正则表达式的元字符开始。

①表6-3是基本元字符，用于匹配指定范围的字符，其中［］用于限定集合的范围。

表6-3　基本元字符

元字符	说明	示例
.	匹配除换行符之外任意一个字符	'.'—可匹配'python'中的所有字符
|	逻辑或运算符，匹配|的前后一个字符	'a|b'—可匹配'basic'中的字符 b、a
［　］	匹配该字符集合中的字符	'［a］'—可匹配'java'中的字符 a、a '［ja］'—可匹配'java'中的字符 j、a、a
［^］	排除该字符集合的字符	'［^a］'—可匹配'java'的字符 j、v
［-］	在一个范围的字符（例如［A-Z］）	'［a-d］'—可匹配'java'的字符 a、a '［h-kp-x］'—可匹配'python'的字符 p、t、h
\	对接下来的一个字符进行转义。它可把一般字符转换为特殊字符，如 \d 表示任意一个数字，等效于［0-9］。也可以把特殊字符转化为一般字符，如 \. 表示普通符号点.，* 表示普通符号 *	'\d'—可匹配'tel:110'的字符 1、1、0 '\w'—可匹配'tel:110'的字符 t、e、l、1、1、0，即数字字母下划线 '\.'—可匹配'tel.110'的字符

②表6-4是量词元字符，用于指定匹配一个字符或子表达式出现的次数。

其中，子表达式是用括号（）括起来，作为一个整体使用；* 表示取 0 次或多次重复；+ 表示取 1 次或多次重复；? 表示取 0 次或 1 次；{} 用于指定重复次数，包括固定 n 次、从 m 到 n 次、至少 n 次。

正则表达式默认是"贪婪"的，即重复次数越多越好。比如'\d+'会取给定字符串中连续的数字，而不是取一部分。如果希望重复次数越少越好，即"惰性"匹配，那么在 *、+、{} 后面时加上?，即匹配最少重复次数，常用结构有 *?、+?、{n,}?。

显然，量词元字符不能单独使用，它需用在一个字符或子表达式后面。如'\d+'可匹配给定字符串中所有的数字；'\d{1,3}\.\d{1,3}\.\d{1,3}\.\d{1,3}'用于匹配 IP 地址，\d{1,3}\. 重复了 3 次，用子表达式优化为'(\d{1,3}\.){3}\d{1,3}'。

表6-4　量词元字符

元字符	说明	示例
*	匹配前一个字符（子表达式）的 0 次或多次重复	':\d*'—可匹配'报警电话：110，火警电话：119'的字符：110 和：119
*?	*的懒惰型，所谓惰性，是次数越少越好，因此取 0 次重复	':\d*?'—可匹配'报警电话：110，火警电话：119'的字符：和：

元字符	说明	示例
+	匹配前一个字符（子表达式）的一次或多次重复	'\d+'—可匹配'报警电话：110，火警电话：119'的字符 110 和 119
+?	+的懒惰型，所谓惰性，是次数越少越好，因此取 1 次重复	'\d+?'—可匹配'报警电话：110，火警电话：119'的字符 1、1、0、1、1、9
?	匹配前一个字符（子表达式）的 0 次或 1 次	'：\d?'—可匹配'报警电话：110，火警电话：119'的字符：1 和：1
{n}	匹配前一个字符（子表达式）的 n 次重复	'\d{3}'—可匹配'报警电话：110，火警电话：119'的字符 110 和 119
{m, n}	匹配前一个字符（子表达式）的至少 m 次且至多 n 次重复	'\d{1,2}'—可匹配'报警电话：110，火警电话：119'的字符 11、0、11 和 9
{n,}	匹配前一个字符（子表达式）的 n 次或更多次重复，即至少 n 次重复	'\d{2,}'—可匹配'报警电话：110，火警电话：119'的字符 110 和 119
{n,}?	{n,} 的懒惰型，所谓惰性，是次数越少越好，因此取 n 次重复	'\d{2,}?'—可匹配'报警电话：110，火警电话：119'的字符 11 和 11

③表 6-5 是位置元字符，用于指定匹配字符出现的位置。

其中，元字符^和\A 表示以若干字符开头；元字符 $ 和\Z 表示以若干字符结尾，结尾字符放在元字符前面；元字符\b 用于匹配给定字符串的单词边界，由于\b 默认是转义字符——回退符（backspace），故\b 做单词边界时，需要在模式字符串前加 r，或者用\\b 形式；元字符\B 的含义与\b 刚好相反，即不匹配给定字符串的单词边界。

单词边界符：一个英文单词或一组数字，一般用空格、换行、标点符号、特殊符号表示边界符。如"my name is lucy!"，my 的边界符是空格和句子开头，name 的边界符是空格，is 的边界符是空格，lucy 的边界符是空格和符号!。

表 6-5　位置元字符

元字符	说明	示例
^	开头匹配：后接若干字符，匹配字符串以这些字符开头	'^py'—可匹配'python'的字符 py '^th'—不能匹配'python'
\A	开头匹配：后接若干字符，与^相同	'\Apy'—可匹配'python'的字符 py
$	结尾匹配：前接若干字符，匹配给定字符串是否以这些字符结尾	'on$'—可匹配'python'的字符 on，注意元字符 $ 的位置
\Z	结尾匹配：前接若干字符，用法与 $ 相同	'on\Z'—可匹配'python'的字符 on，注意元字符\Z 的位置

续表

元字符	说明	示例
\b	边界匹配：后接若干字符，匹配给定字符串的单词边界是否为这些字符	r'\bpy' 或 '\\bpy'—可匹配 'hello python' 的字符 py；r'lo\b' 或 'lo\\b' 则匹配 lo
\B	非边界匹配：\b 的反义	'\Bth' 或 'th\B'—可匹配 'hello python' 的字符 th

④表 6 – 6 是其他元字符，大都是转义字符，用于匹配特殊的字符。

其中，\d 和 \D 分别用于匹配数字和非数字字符，\w 和 \W 分别用于匹配和不匹配字母数字或下划线，\s 和 \S 分别用于匹配和不匹配空白字符，其他转义字符用于匹配转义字符自身。

表 6 – 6　其他元字符

元字符	说明	示例
\d	匹配任意数字字符，等效于［0 – 9］	'\d +'—可匹配 '报警电话：110，火警电话：119' 的字符 110 和 119
\D	匹配任意非数字字符，等效于［^0 – 9］	'\D +'—可匹配 '报警电话：110，火警电话：119' 的字符 报警电话：和火警电话：
\w	匹配任意字母数字字符或下划线字符	'\w +'—可匹配 '报警电话：110，火警电话：119' 的字符 报警电话、110、火警电话、119
\W	\w 的反义	'\W +'—可匹配 '报警电话：110，火警电话：119' 的字符：、，、：
\s	匹配任意空白字符（含 Tab 键），等效于［\f\n\r\t\v］	'\s +'—可匹配 'hello python　world' 的字符空格和 \t
\S	\s 的反义，等效于［^\f\n\r\t\v］	'\S +'—可匹配 'hello python　world' 的字符 hello、python、world
\n,\r,\t,\v	其他字符转义	'\t'—可匹配 'hello\tpython' 的字符 \t '\n'—可匹配 'hello\npython' 的字符 \n

2. 程序代码

以下是常用的正则表达式。

'ab{1,}'：等价于'ab +'，匹配以字母 a 开头后面带 1 个至多个字母 b 的字符串。

'^[a – zA – Z]{1}([a – zA – Z0 – 9. _])\{4,19\} $'：匹配长度为 5 ~ 20 的字符串，必须以字母开头并且可带字母、数字、_、. 的字符串。

'^(\w)\{6,20\} $'：匹配长度为 6 ~ 20 的字符串，可以包含字母、数字、下划线。

'^\d{1,3}\.\d{1,3}\.\d{1,3}\.\d{1,3}$'：检查给定字符串是否为合法 IP 地址。

'^(13[4-9]\d{8})|(15[01289]\d{8})$'：检查给定字符串是否为移动手机号码。

'^[a-zA-Z]+$'：检查给定字符串是否只包含英文字母大小写。

'^\w+@(\w+\.)+\w+$'：检查给定字符串是否为合法电子邮件地址。

'^(\-)?\d+(\.\d{1,2})?$'：检查给定字符串是否为最多带有 2 位小数的正数或负数。

'^\d{18}|\d{15}$'：检查给定字符串是否为合法身份证格式。

'\d{4}-\d{1,2}-\d{1,2}'：匹配指定格式的日期，例如 2016-1-31。

3. 任务拓展

1）在模式字符串前加 r 或 R

r 表示原生字符串（raw string）。任务 6.1 中，在字符串前加 r 或 R，表示字符串内没有特殊字符、功能性字符，即消除转义符"\"的影响。模式字符串前加 r 或 R 也是如此，字符串前加 r，表明引号中的内容为其原始含义。

举例说明，给定字符串'hello\npython'，用'\n'可匹配指定字符串的\n，如果给定字符串是'hello\\npython'，用'\\n'是无法匹配指定字符串中的\\n，而只能使用模式字符串'\\\\n'去匹配，这是因为模式字符串转义符带来了转义影响，正则表达式实际接收的值为'\n'（表示换行）。为了消除正则表达式中 \ 的转义作用，可在正则表达式前加 r，即 r'\\n'可匹配指定字符串的\\n。在正则表达式中，使用 r 原生字符串也符合 PEP8 规范。

2）子模式或分组

在模式字符串中，使用小括号 ( ) 来分组，又称子模式。子模式的内容会作为一个整体出现，子模式匹配结果一般只返回小括号中的内容。如'(\d{3,4})-(\d{7-8})'可匹配固定电话'0791-8800828'中的区号和电话号码，':(\d+)'可以匹配字符串'报警电话：110，火警电话：119'的号码 110 和 119。

正则表达式的子模式中，可以使用"\序号"来引用序号对应的子模式字符串。比如正则表达式 r'<([0-9a-zA-Z]+)>(.+)</\1>$'和'<([0-9a-zA-Z]+)>(.+)</[0-9a-zA-Z]+>$'完全相同。注意，带"\序号"时，需在正则表达式前加 r 或 R。

但使用"\序号"易引起混乱，可以在子模式开始处用"?P<名称>"命名，在后面用"(?P=名称)"引用子模式字符串，注意引用一定要加 ( )。如 r'<([0-9a-zA-Z]+)>(.+)</\1>$'可用命名改为'<(?P<test>[0-9a-zA-Z]+)>(.+)</(?P=test)>$'。

上面设置和使用子模式名称，属于子模式的扩展语法，下面补充几个扩展语法：

（1）（?iLmsux）

设置子模式匹配的标志，如 i 标志表示忽略大小写、x 标志表示忽略空格和#后的注释等。

（2）（?:子模式字符串）

子模式字符串又称子表达式，它表示匹配但不捕获该匹配的子表达式，这里将（?:子模式字符串）简记为（?…），以下相同。

如：'(?:is\s)very\s(good)'匹配'It is very good'，但返回的结果只有 good。而'(?:is) very\s(good)'并不匹配'It is very good'，结果返回 None。

（3）（?#子模式字符串）

（?#…）表示注释。

（4）模式字符串（?=子模式字符串）

（?=…）用于正则表达式之后，表示等于号后面的子模式字符串如果出现则匹配，匹配的结果只返回正则表达式的内容，而不返回子模式字符串的内容。

如：'hello(?=\s\w)'和'hello python'是匹配的，并返回 hello。假如不匹配，则返回 None。

（5）模式字符串（?!子模式字符串）

（?!…）用于正则表达式之后，表示!号后面的子模式字符串如果不出现则匹配，匹配的结果只返回正则表达式的内容，而不返回子模式字符串的内容。

如：'hello(?!\w\s)'和'hello python'是匹配的，并返回 hello。

（6）（?<=子模式字符串）模式字符串

（?<=…）用于正则表达式之前，表示等于号后面的子模式字符串如果出现则匹配，匹配的结果只返回正则表达式的内容，而不返回子模式字符串的内容。

如：'(?<=\w\s)python'和'hello python'是匹配的，并返回 python。

（7）（?<!子模式字符串）模式字符串

（?<!…）用于正则表达式之前，表示等于号后面的子模式字符串如果不出现则匹配，匹配的结果只返回正则表达式的内容，而不返回子模式字符串的内容。

如：'(?<=\s\w)python'和'hello python'是匹配的，并返回 python。

任务 6.2.2　re 模块：用户名合法验证

通过控制台从键盘输入用户名，要求用户名以字母开头，长度不少于 6 位，不超过 20 位，只能包括字母、数字、下划线。使用 re 模块验证输入的用户名是否符合要求，并分别输出注册用户名中的全部字母、全部数字、全部下划线。

1. 任务分析

Python 内置的 re 模块可实现正则表达式所有功能。先用命令 import re 导入模块，re 的 match、search、findall 方法都可以对输入的字符串进行模式匹配，调用这些方法第一个参数是模式字符串，第二个参数是待匹配的字符串。match 和 search 匹配成功会返回一个 match 对象，不成功则返回 None。其中，match 是从头开始匹配，search 可以从字符串任意位置开始匹配。findall 返回所有匹配结果的一个列表，如果列表为空，则表示匹配不成功。

根据任务要求，模式字符串可以写成'^[a-zA-Z]\w{5,19}$'，这里只允许字母、数字、下划线，所以最后以元字符 $ 结束。当符合要求时，分别用正则表达式'[a-zA-Z]+'提取所有字母，'[0-9]+'提取所有数字，'_+'提取所有下划线。

2. 程序代码

下面分别用 re 模块的 match、search、findall 方法来完成本任务。

①match 方法只能进行匹配验证，代码如下：

```
import re
user_name = input("请输入用户名,以字母开头,长度不少于6位,不超过20位,只能包含字母、数字、下划线:")
result = re.match('^[a-zA-Z]\w{5,19}$', user_name)
if result is None:
    print('用户名"{}"不符合要求'.format(user_name))
else:
    print('用户名"{}"符合要求'.format(user_name))
```

运行结果：

```
请输入用户名,以字母开头,长度不少于6位,不超过20位,只能包含字母、数字、下划线:qwe_1_asd_2
用户名"qwe_1_ASD_2"符合要求
请输入用户名,以字母开头,长度不少于6位,不超过20位,只能包含字母、数字、下划线:qwe!23
用户名"qwe!23"不符合要求
```

②search 方法只能进行匹配验证，代码如下：

```
import re
username = input("请输入用户名,以字母开头,长度不少于6位,不超过20位,只能包含字母、数字、下划线:")
result = re.search('^[a-zA-Z]\w{5,19}$', username)
if result is None:
    print('用户名"{}"不符合要求'.format(username))
else:
    print('用户名"{}"符合要求'.format(username))
```

运行结果：

```
请输入用户名,以字母开头,长度不少于6位,不超过20位,只能包含字母、数字、下划线:qwe_1_asd_2
用户名"qwe_1_ASD_2"符合要求
请输入用户名,以字母开头,长度不少于6位,不超过20位,只能包含字母、数字、下划线:qwe!23
用户名"qwe!23"不符合要求
```

③findall 方法既可以匹配，又可以提取，可实现本任务的全部要求。代码如下：

```
import re
username = input("请输入用户名,以字母开头,长度不少于6位,不超过20位,只能包含字母、数字、下划线:")
result = re.findall('^[a-zA-Z]\w{5,19}$', username)
if len(result) == 0:
    print('用户名"{}"不符合要求'.format(username))
else:
    print('用户名"{}"符合要求'.format(username))
    #分别提取字母,数字,下划线
    print("其中,字母有:", end = ")
    result = re.findall('[a-zA-Z]+', username)
    for item in result:
```

```
                print(item, end = ")
        print("\n 数字有:", end = ")
        result = re.findall('[0 - 9] + ', username)
        for item in result:
                print(item, end = ")
        print("\n 下划线有:", end = ")
        result = re.findall('_ + ', username)
        for item in result:
                print(item, end = ")
```

运行结果:

请输入用户名,以字母开头,长度不少于 6 位,不超过 20 位,只能包含字母、数字、下划线:qwe_1_ASD_2
用户名"qwe_1_ASD_2"符合要求
其中,字母有:qweASD
数字有:12
下划线有:___
请输入用户名,以字母开头,长度不少于 6 位,不超过 20 位,只能包含字母、数字、下划线:qwe! 12
用户名"qwe! 12"不符合要求

3. 任务拓展

上述任务只是简单介绍了 re 模块的基本使用,下面进行详细介绍。

1) 两种使用方式

re 模块的 match、search、findall 三种方法都可以用以下两种使用方式,这里以 match 为例。re 模块的每个方法的具体参数和使用,后续还会详细介绍。

(1) 先编译,再使用

用 re 的 compile 方法生成编译对象,再调用编译对象的 match、search、findall 方法。参考代码如下:

```
pattern = re.compile(正则表达式, [flags])    #pattern 为正则表达式编译对象
result = pattern.match(字符串)
```

flags 参数可选,包括以下的组合:re. I—忽略大小写,re. L—支持本地字符集,re. M—匹配多行模式,re. S—匹配包括换行符在内的任意字符,re. U—匹配 Unicode 字符,re. X—忽略空格和#后面的注释。

(2) 直接使用

没有编译的过程,参考代码如下:

```
result = re.match(正则表达式, 字符串, [flags])
```

如果多个字符串可以使用一个正则表达式来匹配,那么先编译后匹配可显著提高效率。本书全部采用直接使用方式。

2) match 方法的基本使用

语法: match(pattern, string, flags = 0)

pattern 是模式字符串,string 是要匹配的字符串,flags 是匹配模式。

返回一个 match 对象或 None，该方法是从字符串开始处进行匹配，且只匹配一个。如果第一个字符就不匹配，则无须匹配下去，并返回 None。

要获取匹配的真实结果，还需调用返回值 match 对象的方法。常用的方法有：

①span( )：返回匹配对象开始和结束的位置构成的元组，不管是否有分组。

②group( )：返回匹配到的所有结果，不管是否有分组。

③group(0)：同 group( )。

④group(1)：如果模式字符串里有分组，则它表示第一个分组结果，其他分组依此类推。如果模式字符串里没有对应序号的分组，将报错。

⑤groups( )：由分组结果 group(1)、group(2)、…组成的元组。

⑥group(1,2,…)：返回指定序号分组结果组成的元组。如果模式字符串里没有对应序号的分组，将报错。以下是 match 方法的相关示例。

```
>>> result = re.match(r'. +:(. * ),. +:(. * )','报警电话:110,火警电话:119')
>>> result.groups()
('110', '119')
>>> result.span()
(0, 17)
>>> result.group()
'报警电话:110,火警电话:119'
>>> result.group(0)
'报警电话:110,火警电话:119'
>>> result.group(1)
'110'
>>> result.group(2)
'119'
>>> result.group(1, 2)    #以元组形式返回匹配结果
('110', '119')
>>> result.group(3)       #该序号分组不存在时报错
Traceback (most recent call last):
  File " < stdin > ", line 1, in < module >
IndexError: no such group
```

3）search 方法的基本使用

语法：search(pattern, string, flags = 0)

返回一个 match 对象或 None，该方法是在整个字符串中查找，也只会匹配一个结果。对返回值 match 对象的操作与 match 方法相同。以下是 search 方法的相关示例。

```
>>> result = re.search('( \d + ). * ?:( \d + )','报警电话:110,火警电话:119,电话查询:114,交通事故:112')
>>> result.span()
(5, 17)
>>> result.groups()
('110', '119')
```

```
>>> result.group(0)        #符合匹配条件的有两个结果,search 只返回一个结果
'110,火警电话:119'
>>> result.group(1)
'110'
>>> result.group(2)
'119'
```

4）findall 方法的基本使用

语法：findall(pattern, string, flags = 0)

匹配所有符合模式字符串规则的字符串，匹配到的字符串放到一个列表中，未匹配成功则返回空列表。如果模式字符串有分组，只会把匹配到的分组结果放在列表中。模式字符串中有多个分组，那么多个分组结果以元组方式存放到列表中。

示例1：模式字符串无分组

```
>>> import re
>>> text = 'Alpha,Beta,Gamma....Delta'
>>> pattern = '[a-zA-Z]+'
>>> re.findall(pattern, text)
['Alpha', 'Beta', 'Gamma', 'Delta']
```

示例2：模式字符串有分组

```
>>> result = re.findall('(\d+).*?:(\d+)','报警电话:110,火警电话:119,电话查询:
114,交通事故:112')
>>> result        #符合匹配条件的有两个结果,findall 全部返回
[('110', '119'), ('114', '112')]
```

5）其他方法

re 模块除了可匹配、提取之外，还支持用模式字符串来分割、替换字符串，下面分别介绍。

（1）split

字符串的 split 方法，只支持用普通字符分割。re 模块的 split 方法用指定字符串或模式字符串作为分隔符的列表。

语法：split(pattern, string, maxsplit = 0, flags = 0)

其中，maxsplit 指定分割数量，超出数量的不再分割。相关示例：

```
>>> result = re.split('[ \. ]', 'hello python.java.go')
>>> result
['hello', 'python', 'java', 'go']
>>> result = re.split('[ \. ]', 'hello python.java.go', maxsplit =2)
>>> result
['hello', 'python', 'java.go']
```

（2）sub

语法：sub(pattern, replace, string [,count = 0 ,flags = 0])

其中，replace 是用于替换的字符串或返回字符串的一个函数，count 是模式匹配后替换的最大次数，默认为 0 表示替换所有的匹配。

结果返回替换后的新字符串。相关示例：

```
>>> string = 'hello  java  python  '
>>> result = re.sub('\s+',' ',string.strip())  #去除多余空格
>>> result
'hello java python'
```

项目小结

本项目中，介绍了字符串的定义、字符串中使用的转义字符、用字符串表示字符类型、字符编码和解码、字符串常用方法，重点是字符串的常用运算、格式化输出。同时，还较为详细地介绍了正则表达式，正则表达式本质上是关于字符串的一系列规则，可用于匹配、提取、分割、替换等操作，这些规则核心是元字符的功能定义。正则表达式是本书的难点，要掌握好它，必须对元字符的定义理解透彻，遵守其规则。就如同党员干部，必须严格遵守党的各项组织纪律，方得始终。Python 内置模块 re 可实现正则表达式的所有功能。

习　题

一、选择题

1. 按位置从字符串提取子串的操作是（　　）。

A. 连接　　　　　　　B. 赋值　　　　　　　C. 索引　　　　　　　D. 切片

2. 设置字符串为指定宽度且左对齐，可以调用（　　）。

A. s. ljust　　　　　　B. s. rjust　　　　　　C. s. center　　　　　　D. s. zfill

3. 将英文句子中每个单词全部转换成大写，可以调用（　　）。

A. s. lower　　　　　　B. s. capitalize　　　　C. s. upper　　　　　　D. s. title

4. Python 中，正则表达式 '\w' 可以匹配的内容最接近（　　）。

A. 仅数字　　　　　　　　　　　　　　B. 仅特殊字符

C. 仅小写英文字符　　　　　　　　　　D. 含大写、小写英文字符和数字

5. 关于 Python 字符串，下列说法错误的是（　　）。

A. 字符即长度为 1 的字符串

B. 以 \0 标志字符串的结束

C. 既可以用单引号，也可以用双引号创建字符串

D. 在三引号字符串中可以包含换行回车等特殊字符

6. 若要匹配前面的 0 个或多个字符，可在正则表达式中使用的元字符是（　　）。

A. *　　　　　　　　　B. +　　　　　　　　　C. ?　　　　　　　　　D. #

7. （多选题）下列字符串匹配正则表达式 '\d{3,4} - \d{7,8}' 的有（　　）。

A. '010 – 1234567'　　　　　　B. '010 – 12345678'

C. '010 – 123456789'　　　　　D. '0123 – 1234567'

8. （多选题）下面对 count( )、index( )、find( )方法的描述，错误的是（　　　）。

A. count( )方法用于统计字符串里某个字符出现的次数

B. find( )方法检测字符串中是否包含子字符串 str，如果包含子字符串，返回开始的索引值，否则会报一个异常

C. index( )方法检测字符串中是否包含子字符串 str，如果 str 不在，返回 – 1

D. 以上都错误

二、填空题

1. 任意长度的 Python 列表、元组和字符串中最后一个元素的下标为＿＿＿＿＿＿＿。

2. 已知 x = 'a234b123c'，并且 re 模块已导入，则表达式 re. split('\d + ', x) 的值为＿＿＿＿＿＿＿。

3. 表达式". join('asdssfff'. split('sd'))的值为＿＿＿＿＿＿＿。

4. 表达式". join(re. split('[sd]', 'asdssfff'))的值为＿＿＿＿＿＿＿。

5. 当在字符串前加上小写字母＿＿＿＿＿＿＿或大写字母＿＿＿＿＿＿＿表示原始字符串，不对其中的任何字符进行转义。

6. 字节对象是由一些字节组成的有序的＿＿＿＿＿＿＿，但将其作为参数传入函数 bytearray( )后可以创建＿＿＿＿＿＿的字节数组。

7. 使用＿＿＿＿＿＿函数可以将十六进制字符串转换成字节对象，使用字符串对象的＿＿＿＿＿＿＿函数可以将字节对象转换成十六进制字符串。

8. 假设正则表达式模块 re 已导入，那么表达式 re. sub('\d + ', '1', 'a12345bbbb67c890d0e')的值为＿＿＿＿＿＿＿。

三、程序设计题

1. 从键盘输入一些字符串，只要不输入字符串"quit"，就一直输入，并将这些字符串串起来。

2. 从给定的字符串"12abc34de67f189ghi"中提取数字字符。

3. 用正则表达式将字符串 s = '123456abcd123DFE222333BCDEFG'中连续的 3 位数字替换成 xxx。

4. 从给定的字符串"中国 CHINA 上海 BEIJIN 电子工业出版社 PHEI" 中分别提取中文字符和英文字符。

项目 7

文件操作

文件常用于用户和计算机进行数据交互。在 Python 中，大量的数据对象一般是从外部文件导入的，也可以向外部文件写入数据。用户在处理文件的过程中，不仅可以操作文件内容，也可以管理文件目录。本项目以任务的方式学习 Python 管理文件和目录的方法、读写文件的方法、捕获处理异常的语句。

项目任务

- 文件和目录
- 打开关闭文件
- 读写文本文件
- 读写 csv 文件
- 异常处理与断言

学习目标

- 掌握 os. path 模块、os 模块的常用函数
- 了解 shutil 模块的常用函数
- 掌握内置函数 open 的用法
- 掌握上下文管理语句 with
- 掌握读写文件的方法
- 了解 csv 模块、pandas 模块读写 csv 文件的方法
- 理解异常的处理机制
- 掌握 try…except 语句
- 理解 raise 语句、assert 语句

任务 7.1　文件和目录

为了方便分类管理程序文件、素材文件、结果文件等不同文件，这里将开始学习使用 Python 操作文件和目录，通过学习内置模块 os. path、os、shutil，了解和掌握操作文件和目录的常用函数。

任务 7.1.1 os. path 模块：获取文件和目录信息

接收用户从键盘输入的一个文件名，然后判断该文件是否存在于当前目录。若存在，输出文件的大小并判断是文件还是目录。已知当前目录下没有 ch07 文件夹，有一个空的 test 文件夹、一个空的 result 文件夹、一个放了多个素材文件的 data 文件夹、一个内容为"python 之禅"的 test. txt 文件，可根据此来测试运行程序。

1. 任务分析

os. path 模块提供了操作文件和目录的函数，exists( ) 函数判断文件是否存在，若直接将用户输入的文件名作为参数，那么文件的路径默认是当前目录，即判断当前目录下是否存在该文件，若存在，返回 True，否则，返回 False。getsize( ) 函数获取文件的大小，单位为字节。isfile( ) 函数判断是否是文件，若是文件，返回 True，否则，返回 False。isdir( ) 函数判断是否是目录，若是目录，返回 True，否则，返回 False。

2. 程序代码

```
import os.path                                    # 导入 os.path 模块
filename = input("请输入文件的名称:")
if os.path.exists(filename):                      # 判断文件是否存在
    print("该文件存在于当前目录下")
    print("文件大小是:",os.path.getsize(filename)) # 获取文件的大小
    if os.path.isfile(filename):                  # 判断是否是文件
        print(filename,"是一个文件")
    else:
        print(filename,"是一个目录")
else:
    print("该文件不存在于当前目录下")
```

运行结果：

```
请输入文件的名称:ch07
该文件不存在于当前目录下
```
```
请输入文件的名称:test
该文件存在于当前目录下
文件大小是:0
test 是一个目录
```
```
请输入文件的名称:test.txt
该文件存在于当前目录下
文件大小是:12
test.txt 是一个文件
```

3. 任务拓展

os. path 模块提供的操作文件和目录的常用函数见表 7 – 1。

表 7 – 1   os. path 模块常用函数

函数	功能
exists(filename)	如果 filename 存在，返回 True，否则返回 False
getsize(filename)	返回 filename 的大小，单位是字节
isfile(filename)	如果 filename 是文件，返回 True，否则返回 False
isdir(filename)	如果 filename 是目录，返回 True，否则返回 False
abspath(filename)	返回文件的绝对路径，若 filename 的值为__file__，则表示返回当前文件的绝对路径
basename(path)	返回指定路径的最后一个组成部分
dirname(path)	返回指定路径的文件夹部分
join(path, * path)	连接两个或多个 path

以下代码保存在文件 task7_1_1. py 中。

```
import os.path
path1 = os.path.abspath('test.txt')      #返回文件 test.txt 的绝对路径
path2 = os.path.abspath(__file__)        #返回当前文件的绝对路径
basepath = os.path.basename(__file__)    #返回当前文件的绝对路径的最后一部分
dirpath = os.path.dirname(__file__)      #返回当前文件的绝对路径的文件夹部分
abspath = os.path.join(dirpath, 'test')  #连接 dirpath 和 test 两个路径
print('{} \n{} \n{} \n{} \n{}'.format(path1, path2, basepath, dirpath, abspath))
```

运行结果：

```
C:\Users\Administrator\Desktop\ch07\test.txt
C:\Users\Administrator\Desktop\ch07\task7_1_1.py
task7_1_1.py
C:\Users\Administrator\Desktop\ch07
C:\Users\Administrator\Desktop\ch07\test
```

若要了解 os. path 模块提供的其他函数，可利用 help( ) 函数查看 os. path 模块的帮助信息。

```
import os.path
help(os.path)
```

帮助信息中的 FUNCTIONS 列举说明了 os. path 模块提供的所有函数。不论是 Python 的内置模块，还是第三方库，都可以通过 help( ) 函数查看帮助信息。若要查看第三方库 pandas 的帮助信息，也是先导入库，即 import pandas as pd，然后再利用 help 函数，即 help(pd)。若要查看库中某个函数的帮助信息，使用 help(模块 . 函数名)。如 help(pd. read_csv) 表示查看 pandas 库中的 read_csv( ) 函数的帮助信息。

任务 7.1.2　os 模块：操作文件和文件夹

输出当前目录、当前目录下的所有文件和文件夹，然后将当前目录下的 test. txt 文件重命名为 test_new. txt，再输出当前目录下的所有文件和文件夹，对比确认文件是否重命名成功。

1. 任务分析

os 模块同样提供了操作文件和目录的函数，os. getcwd()得到当前目录，os. listdir([path])得到当前目录或指定路径下的所有文件和文件夹的列表，os. rename()重命名文件。

2. 程序代码

```
import os                                                    #导入 os 模块
path = os.getcwd()
files = os.listdir()
os.rename('test.txt', 'test_new.txt')
files2 = os.listdir()
print('{} \n{} \n{}'.format(path, files, files2))
```

运行结果：

```
C:\Users\Administrator\Desktop\ch07
['7_1_1.py', '7_1_2.py', 'data', 'result', 'task7_1_1.py', 'test', 'test.txt']
['7_1_1.py', '7_1_2.py', 'data', 'result', 'task7_1_1.py', 'test', 'test_new.txt']
```

3. 任务拓展

os. path 模块提供的常用操作文件和目录的函数见表 7 - 2。

表 7 - 2　os 模块常用函数

函数	功能
getcwd()	获取当前目录
listdir([path])	返回当前目录或指定路径下的所有文件、文件夹名称的列表
rename(oldname, newname)	重命名文件
remove(path)	删除指定路径的文件
rmdir(path)	删除指定路径的空目录
chdir(path)	改变当前目录到指定的路径
mkdir(path)	创建目录

以下代码保存在文件 task7_1_2. py 中。

```
import os
os.remove('test_new.txt')                         # 删除当前路径下的文件 test_new.txt
os.rmdir('test')                                  # 删除当前路径下的空目录 test
os.chdir(r'C:\Users\Administrator\Desktop')       # 指定当前目录到桌面
os.mkdir('result')                                # 在当前目录(桌面)创建目录 result
```

运行结果如图 7 – 1 所示。

图 7 – 1 代码运行前后目录对比

书写路径时，因转义字符以\开头，注意路径分隔符不能直接写成 \ ，要写成/，或者写成\\，或者在路径前面加 r。即路径写成 'C:\Users\Administrator\Desktop' 是错误的，要写成 'C:/Users/Administrator/Desktop'，或者写成 'C:\\Users\\Administrator\\Desktop'，或者写成 r 'C:\Users\Administrator\Desktop'，推荐使用最后一种方式。

任务 7.1.3 shutil 模块：文件复制、移动、重命名

将程序文件 task7_1_1. py 重命名为 t7. py，并移动到 result 文件夹中。然后用不同的方法复制文件 t7. py，生成两个副本文件 t7_copy. py、t7_copy2. py。

1. 任务分析

上一任务学习了用 os 模块的 rename( ) 函数重命名文件，本任务利用 shutil 模块的函数。shutil. move( ) 不仅可用于移动文件或文件夹，还可以用于给文件或文件夹重命名。使用 shutil. copy( ) 方法复制文件，新文件具有同样的文件属性，如果目标文件已存在，则报错。使用 shutil. copyfile( ) 方法复制文件，不复制文件属性，如果目标文件已存在，则覆盖。

2. 程序代码

```python
import shutil
shutil.move('task7_1_1.py', 't7.py')                    # task7_1_1.py 重命名为 t7.py
shutil.move('t7.py', 'result')                          # t7.py 移动到 result 文件夹中
shutil.copy(r'result\t7.py', r'result\t7_copy.py')      #复制文件 t7.py,命名为 t7_copy.py
shutil.copyfile(r'result\t7.py', r'result\t7_copy2.py') #复制文件文件 t7.py,命名
为 t7_copy2.py
```

运行结果如图 7 – 2 所示。

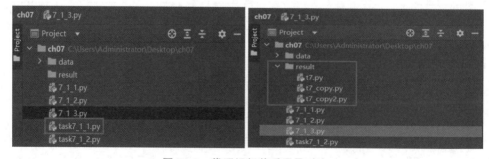

图 7 – 2 代码运行前后目录对比

3. 任务拓展

复制、删除文件夹:

```
import shutil
shutil.copytree('data', 'data_copy')       # 复制文件夹 data, 生成副本文件夹 data_copy
shutil.rmtree('data_copy')                  # 删除文件夹 data_copy
```

任务 7.2　打开关闭文件

不管是读取文件中的数据, 还是向文件中写入数据, 都必须先打开文件。这里将开始学习 open( )函数打开文件、close( )方法关闭文件、with 语句打开/关闭文件。

任务 7.2.1　open( )函数: 打开文件

以各种模式打开各类文件。

1. 任务分析

按数据组织形式的不同, 文件可分为文本文件和二进制文件。文本文件由字符组成, 按照 ASCII 码、Unicode、UTF−8 等格式进行编码, 记事本文件、Python 源程序文件等都属于文本文件。二进制文件内部由 0 和 1 构成, 以字节串的形式存储, 图像文件、视频文件等都属于二进制文件。无论是文本文件还是二进制文件, 都可以用文本模式和二进制模式打开, Python 语言利用内置函数 open( )打开文件。

2. 程序代码

```
file_object = open(r'data\test.txt')              # 以默认的只读文本模式打开文本文件
file_object2 = open(r'data\test_new.txt', 'w')    # 以只写文本模式打开文本文件
file_object3 = open(r'data\test.txt', 'a')        # 以追加文本模式打开文本文件
file_object4 = open('data\\test.txt', 'r+')       # 以读写文本模式打开文本文件
file_object5 = open(r'data\python.png', 'rb')     # 以只读二进制模式打开二进制文件
# 以只写文本模式打开文本文,并指定字符编码为 UTF−8
file_object6 = open('7_1_3.py', 'w', encoding = 'utf−8')
print('{}\n{}\n{}\n{}\n{}\n{}'.format(file_object, file_object2, file_ob-
ject3,
    file_object4, file_object5, file_object6))
```

运行结果:

```
<_io.TextIOWrapper name = 'data\\test.txt' mode = 'r' encoding = 'cp936'>
<_io.TextIOWrapper name = 'data\\test_new.txt' mode = 'w' encoding = 'cp936'>
<_io.TextIOWrapper name = 'data\\test.txt' mode = 'a' encoding = 'cp936'>
<_io.TextIOWrapper name = 'data\\test.txt' mode = 'r + ' encoding = 'cp936'>
<_io.BufferedReader name = 'data\\python.png'>
<_io.TextIOWrapper name = '7_1_3.py' mode = 'w' encoding = 'utf−8'>
```

3. 任务拓展

open( )函数是 Python 内置函数, 用于打开文件, 常用的语法格式如下:

```
open(file, mode = 'r', encoding = None, newline = None)
```

参数 file 表示文件路径，文件路径可使用相对地址或绝对地址。后期编写程序时，建议利用 os. path 模块的函数来写绝对地址。若直接写文件名，默认是在当前目录下找该文件并打开。

参数 mode 表示文件打开模式，默认以只读的文本模式打开，参数值见表 7 – 3。

表 7 – 3　文件打开模式

模式	说明
r	以只读模式打开文件（默认值），若文件不存在，则抛出异常
w	以只写模式打开文件，若文件不存在，创建文件；若文件存在，清空文件内容再写入
x	以只写模式打开文件，若文件不存在，创建文件；若文件存在，抛出异常，该模式不常用
a	以追加模式打开文件，若文件不存在，创建文件；若文件存在，在文件末尾再写入
b	以二进制模式打开文件，与 r、w、a 结合使用
t	以文本模式打开文件（默认模式，可省略），与 r、w、a 结合使用
+	以读写模式打开文件，与 r、w、a、rb、wb、ab 结合使用

参数 encoding 表示对文本进行编码和解码的方式，只用于文本模式下打开文件。读文件时，一般需指定文件的编码方式，否则，程序可能会抛出 UnicodeDecodeError 异常。Python 3. X 的默认编码模式是 UTF – 8，一个中文占 3 字节。

参数 newline 表示新行的形式，只用于文本模式下打开文件，取值可以是 None、''、'\n'、'\r'、'\r\n'。

若要查看 open( )函数的详细语法，可通过 help(open)查看帮助信息。

文件正确打开后，利用文件的属性和方法可以获取文件的信息。

```
file_object = open(r'data\test.txt', encoding = 'utf – 8')
#属性
print(file_object.mode)        # 返回文件的打开模式 r
print(file_object.closed)      # 文件是否关闭,若关闭,返回 True,否则,返回 False
#方法
print(file_object.tell())      #返回文件指针的当前位置 0,单位是字节
file_object.seek(3)            # 文件指针移动 3 个字节的位置
print(file_object.tell())      # 返回文件指针的当前位置 3
```

利用 mode 属性可知，文件的默认打开方式为只读 r。

利用 tell( )方法可知，当文件以只读或只写方式读取时，文件指针在文件头；以追加方式读取时，文件指针在文件尾。

利用 seek( )方法可移动文件指针，该方法有两个参数，第一个参数表示相对第二个参

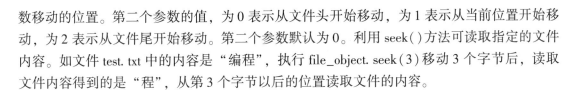

数移动的位置。第二个参数的值，为 0 表示从文件头开始移动，为 1 表示从当前位置开始移动，为 2 表示从文件尾开始移动。第二个参数默认为 0。利用 seek( )方法可读取指定的文件内容。如文件 test. txt 中的内容是"编程"，执行 file_object. seek(3)移动 3 个字节后，读取文件内容得到的是"程"，从第 3 个字节以后的位置读取文件的内容。

任务 7.2.2　close( )方法：关闭文件

　　Python 之禅包含了影响 Python 编程语言设计的 19 条软件编写原则，最早由 Tim Peters 在 Python 邮件列表中发表。在 Python 的编程环境 IDLE 中输入"import this"就会显示。文件"python 之禅. txt"存放了 python 之禅的内容，内容如下：

```
The Zen of Python, by Tim Peters

Beautiful is better than ugly.
Explicit is better than implicit.
Simple is better than complex.
Complex is better than complicated.
Flat is better than nested.
Sparse is better than dense.
Readability counts.
Special cases aren't special enough to break the rules.
Although practicality beats purity.
Errors should never pass silently.
Unless explicitly silenced.
In the face of ambiguity, refuse the temptation to guess.
There should be one - - and preferably only one - - obvious way to do it.
Although that way may not be obvious at first unless you're Dutch.
Now is better than never.
Although never is often better than * right * now.
If the implementation is hard to explain, it's a bad idea.
If the implementation is easy to explain, it may be a good idea.
Namespaces are one honking great idea -- let's do more of those!
```

　　要求遍历并输出文件"python 之禅. txt"的内容，同时去除空白行。文件存放在当前目录下的 data 文件夹中。

　　1. 任务分析

　　open( )函数正确打开文件时返回的文件对象 file_object 是可迭代对象，可结合 for 循环迭代输出文件的每行内容，每行行尾的换行符'\n'也会输出，输出时要特别注意，防止输出多余的空行。

　　2. 程序代码

```
file_object = open(r'data\python 之禅. txt', 'r', encoding = 'utf - 8')
for line in file_object:
    if line == '\n':              # 如果是空行,不输出
        continue
```

```
        print(line, end = "")   # print 函数指定不换行,利用每行行尾的换行符 \n 换行
        print(line.strip('\n'))   # 去除每行行尾的换行符 \n,利用 print 函数换行
file_object.close()        # 关闭文件对象 file_object,执行 file_object.closed 的结果为 True
```

3. 任务拓展

Python 操作文件时，数据保存在缓存区，可利用 flush( ) 方法将缓存的数据写入文件中。使用 flush( ) 方法不会关闭文件。若要关闭文件，可使用 close( ) 方法，close( ) 方法关闭文件时，先将缓存的数据写入文件，再打开、关闭文件，然后释放文件对象。

任务 7.2.3 with 上下文管理：文件统计

统计文件 "python. txt" 中最长行的长度和该行的内容，文件内容为：

```
我要
好好学习
python
编程。
```

1. 任务分析

先利用循环迭代文件对象得到每行的内容，再利用 len( ) 函数得到每行内容的长度。设置最长行的长度初值为 0，与文件每行内容的长度比较，直至比较完所有的行，得到最长行的长度，再输出其内容。

2. 程序代码

```
with open(r'data\python.txt', 'r', encoding = 'utf -8') as file_object:
    result = [0,"]
    for row in file_object:
        t = len(row)
        if t > result[0]:
            result = [t, row]
    print(result)
```

运行结果：

```
[7, 'python \n']
```

3. 任务拓展

用 open( ) 函数打开文件后或在用 close( ) 方法关闭文件前，程序发生错误，会导致文件无法正常关闭，或忘记关闭文件，从而导致文件对象在程序结束运行前一直占用。为避免出现上述情况，一般将 with 关键字与 open 函数结合使用，自动管理资源，以保证文件一定会正常关闭。with 上下文管理语句的语法格式如下：

```
with open(file, mode = 'r', encoding = 'utf -8') as file_object:
    代码块
```

with 语句还可同时打开两个文件，格式如下：

```
with open(file, mode = 'r', encoding = 'utf - 8') as file_object, open(file, mode =
'w', encoding = 'utf - 8') as file_object2:              #一个文件读,一个文件写
    代码块
```

注意：len( )函数计算字符串的长度时，无论是一个数字、字母还是汉字等，都按一个字符处理。

任务7.3　读写文本文件

上一任务学习了利用循环迭代输出文件对象的内容，这里将开始学习利用文件对象的读写方法读写文件内容。

任务7.3.1　读文本文件

二十四节气，是中华民族悠久历史文化的重要组成部分，表达了人与自然宇宙之间独特的时间观念，蕴含着中华民族悠久的文化内涵和历史积淀。要求读取输出文件"jieqi. txt"的内容。

1. 任务分析

要读取文件的内容，可利用循环迭代输出文件对象的内容。此外，Python 也提供了3种读取文件内容的方法，分别是 read( )方法、readline( )方法、readlines( )方法。

2. 程序代码

1）使用 read( )方法读取

```
with open(r'data \jieqi.txt', 'r', encoding = 'utf - 8') as fp:
    data = fp. read()                         #读取文件的全部内容
print(data)
```

2）使用 readline( )方法读取

```
with open(r'data \jieqi.txt', 'r', encoding = 'utf - 8') as fp:
    while True:
        line = fp. readline()                  #读取文件的一行内容
        if line == "":                         #读完最后一行退出
            break
        print(line, end = "")
```

3）使用 readlines( )方法读取

```
with open(r'data \jieqi.txt', 'r', encoding = 'utf - 8') as fp:
    data = fp. readlines()        #读取文件的所有行,每行内容作为一个字符串放入列表中
    for line in data:
        print(line, end = "")     #循环输出列表的内容,即每行内容
```

3. 任务拓展

Python 提供的读文件对象内容的方法见表7－4。

表 7−4　读文件的方法

方法	说明
read([size])	读取 size 个字符，若省略 size，则读取所有内容，返回结果为字符串
readline()	读取一行内容，返回结果为字符串
readlines()	读取所有行的内容，将读取的每行内容作为一个字符串写入列表，返回结果为列表

使用时，根据实际情况，选择读文件的方法。

任务 7.3.2　写文本文件

任务 7.3.2

接收用户输入的一组语言名称并以空格分隔。例如：

```
C java python C python C java C python C
```

统计输入的各种语言的数量，以英文冒号分隔，每种语言一行。输出结果保存在 re-sult. txt 中。输出参考格式如下：

```
C:5
java:2
python:3
```

1. 任务分析

先利用字符串的 split() 方法处理输入的以空格分隔的一组语言名称，得到一个元素为语言的列表。然后根据字典的键不能重复这一特点，定义一个字典，将语言作为字典的键，语言的个数作为值。要统计语言的个数，利用字典的 get() 方法。循环列表，若键不存在，键的值为 1；若键存在，键的值加 1。再将字典的键值对以元组的形式作为列表的元素，最后以指定的格式输出列表的元素。

2. 程序代码

```python
with open(r'result\result.txt', 'w') as fp:
    langs = input("请输入语言,以空格分隔\n")
    langs = langs.split(" ")
    d = {}
    for lang in langs:
        d[lang] = d.get(lang,0) + 1
    ls = list(d.items())
    for k in ls:
        fp.write("{}:{}\n".format(k[0],k[1]))
```

3. 任务拓展

Python 提供的写文件内容的方法见表 7−5。

表 7 – 5　写文件的方法

方法	说明
write(srt)	将字符串写入文件
writelines(strlist)	将字符串列表写入文件

任务 7.3.3　读写文本文件

给程序文件"7_3_2. py"每行代码的行首添加行号，然后将添加行号后的内容写入新文件"code. txt"中。

1. 任务分析

先读取文件的内容，将文件的内容处理后，即添加行号后，再写入新文件中。要添加行号，可定义一个变量作为计数器，还可利用 enumerate( )函数。

2. 程序代码

①使用 readline( )方法读取，write( )方法写入。

```
i = 0
with open('7_3_2.py', 'r', encoding = 'utf -8') as fp, open(r'result \code.txt', 'w',
encoding = 'utf -8') as fp2:
    while True:
        line = fp.readline()              # 读取文件的一行内容
        if line == "":                     # 读完最后一行退出
            break
        i = i +1
        line2 = str(i) + ' '*5 +line
        fp2.write(line2)
```

②使用 readlines( )方法读取，writeline( )方法写入。

```
with open('7_3_2.py', 'r', encoding = 'utf -8') as fp, open(r'result \code.txt', 'w',
encoding = 'utf -8') as fp2:
    lines = fp.readlines()
    lines2 =[str(index) + ' '*5 + line for index, line in enumerate(lines, 1)]
    fp2.writelines(lines2)
```

运行结果如图 7 – 3 所示。

图 7 – 3　结果文件 code. txt 的内容

3. 任务拓展

第一种方法利用 readline( )方法读取文件每行的内容，然后利用变量做累加作为行号。再利用 join( )方法连接行号、空格、每行内容，最后利用 write( )方法将连接的字符串写入新文件中。

第二种方法利用 readlines( )方法读取文件，得到一个包含每行内容的字符串列表。然后利用 enumerate( )函数将列表组合为一个索引序列，并指定索引值从 1 开始，这样索引号即可作为行号。再利用列表推导式得到包括行号、每行内容的字符串列表。最后利用 writelines( )方法将字符串列表写入新文件中。

任务 7.3.4　以二进制模式读写文本文件

将字符串"编程"以二进制模式写入文件中，并以二进制模式读取。

1. 任务分析

以二进制模式读写文本文件，open( )函数的 mode 参数值应设为'rb'、'wb'。以'rb'模式读取文本文件，得到的结果是字节串，若要输出字符内容，需要用 decode( )方法解码。以'wb'模式写文本文件，需要用 encode( )方法将字符串编码为字节串，再写入文件。

2. 程序代码

```
string = "编程"
data = string.encode('utf-8')                 # 编码
with open(r'result\mode.txt', 'wb') as fp:    # 以二进制模式读文本文件
  fp.write(data)
with open(r'result\mode.txt', 'rb') as fp2:   # 以二进制模式写文本文件
  data2 = fp2.read()
  string2 = data2.decode('utf-8')             # 解码
  print(string2)                              # 编程
```

运行结果如图 7-4 所示。

图 7-4　结果文件 mode.txt 的内容

3. 任务拓展

表达式"编程".encode('utf-8')的结果为 b'\xe7\xbc\x96\xe7\xa8\x8b'，表示用 encode( )方法将字符串 str 编码为字节串 bytes，UTF-8 编码用 3 字节表示 1 个中文汉字。表达式 b'\xe7\xbc\x96\xe7\xa8\x8b'.decode('utf-8')的结果为"编程"，表示用 decode( )方法将字节串 bytes 解码为字符串 str。一般使用文本模式读取文本文件。

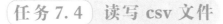

任务 7.4　读写 csv 文件

上一任务学习了读写文本文件的方法，这里将开始学习利用 csv 模块、pandas 库读写 csv 文件的方法。

任务 7.4.1　读 csv 文件

读取输出文件 mingshan. csv 的内容。

1. 任务分析

csv（comma‒separated values，逗号分隔值）文件以纯文本形式存储数据，由任意数目的记录（行）组成，记录由字段组成，字段间的分隔符是其他字符或字符串，最常见的是逗号或制表符。csv 文件的后缀名是 . csv，可用记事本或 Office Excel 打开。csv 文件也是文本文件，利用上一任务所学方法也可读取输出 csv 文件的内容。

2. 程序代码

```
with open(r'data\mingshan.csv', 'r', encoding = 'utf‒8') as fp:
    data = fp.read()
print(data)
```

运行结果：

```
序号,山名,所在地
1,庐山,九江
2,三清山,上饶
3,龙虎山,鹰潭
4,井冈山,吉安
```

任务 7.4.2　写 csv 文件

将控制台输入的用户名、密码写入 csv 文件，按 Q 或 q 键时结束输入。

1. 任务分析

往文件中不断添加用户输入的数据，文件的 mode 模式的值应为追加模式 a，实现在文件末尾不断添加数据。当将数据写入 cvs 文件时，应注意格式，要把输入的数据用逗号分隔，并在末尾加上换行符\n，表示一条记录。

2. 程序代码

```
with open('result\data.csv', 'a', encoding = 'utf‒8') as fp:
    while True:
        user = input("请输入用户名,按(Q/q)退出:")
        if user.upper() == 'Q':
            break
```

```
        pwd = input("请输入密码:")
        fp.write("{},{} \n".format(user,pwd))
```

运行结果:

```
请输入用户名,按(Q/q)退出:admin
请输入密码:123
请输入用户名,按(Q/q)退出:root
请输入密码:123456
请输入用户名,按(Q/q)退出:q
```

文件 data. scv 的内容如图 7 – 5 所示。

图 7 – 5　文件 data. scv 的内容

3. 任务拓展

将字典数据写入 csv 文件中:

```
data = [{'姓名':'张三', '计算机':90,'体育':80, '劳动':85},
        {'姓名':'李四', '计算机':60,'体育':78, '劳动':90},
        {'姓名':'王五', '计算机':80,'体育':90, '劳动':70}]
name = list(data[0].keys())
header = ','.join(name)
with open('result\score.csv', 'w', encoding = 'utf - 8') as fp:
  fp.write(header)
  fp.write('\n')
  for row in data:
      fp.write('{},{},{},{} \n'.format(row['姓名'], row['计算机'], row['体育'], row
['劳动']))
```

　　字典数据存放在列表中, 可利用字典的 keys( )方法得到字典的键作为文件的标题行, 利用键访问对应的值作为文件的内容行, 键之间、值之间用逗号分隔。

　　运行结果如图 7 –6 所示。

任务 7.4.3　用 csv 模块读 csv 文件

图 7 –6　文件 score. scv 的内容

　　读取文件 score. csv 的内容, 输出劳动学科的平均成绩。

1. 任务分析

　　csv 模块是 Python 内置模块, 提供了 reader( )方法、DictReader( )方法来读取 csv 文件的数据。reader( )方法的返回结果是列表, 可通过下标方式来获取某一列, 包括标题行。DictReader( )方法的返回结果是字典, 可通过键来获取某一列, 不包括标题行。

2. 程序代码

1）reader( )方法

```
import csv
with open(r'data\score.csv', 'r', encoding = 'utf-8') as fp:
    reader = csv.reader(fp)
    scorelist = [row[3] for row in reader]
    sum = 0
    for score in scorelist[1:]:
        sum += eval(score)
    print('劳动课的平均成绩为:{:.2f}'.format(sum/(len(scorelist) - 1)))
```

2）DictReader( )方法

```
import csv
with open(r'data\score.csv', 'r', encoding = 'utf-8') as fp:
    reader = csv.DictReader(fp)
    scorelist = [row['劳动'] for row in reader]
    sum = 0
    for score in scorelist:
        sum += eval(score)
    print('劳动课的平均成绩为:{:.2f}'.format(sum/len(scorelist)))
```

运行结果：

```
劳动课的平均成绩为:81.67
```

任务 7.4.4　用 csv 模块写 csv 文件

四大名著是中国文学史中的经典作品，是宝贵的文化遗产，影响着中国人的思想观念、价值取向。要求将以下内容写入 csv 文件中：

```
序号,书名,作者
1,《西游记》,吴承恩
2,《红楼梦》,曹雪芹
3,《三国演义》,罗贯中
4,《水浒传》,施耐庵
```

1. 任务分析

csv 模块提供了 write( )方法、DictWriter( )方法向 csv 文件写入数据。writer( )方法的返回值是一个 writer 对象，该 writer 对象又提供了 writerow( )和 writerows( )方法用于把数据写入文件中。writerow( )方法一次写入一行数据，writerows( )方法一次可写入多行数据。

DictWriter( )方法有两个参数，第一个参数是文件指针，第二个参数是表头信息，返回值是一个 DictWriter 对象，该 DictWriter 对象同样提供了 writerow( )和 writerows( )来分别写入一行或多行数据，另外，还提供了 writeheader( )方法来写入表头。

2. 程序代码

①write( )方法：写入列表形式的数据。

```
import csv
headers = ['序号','书名','作者']
datas = [['1','《西游记》','吴承恩'],
         ['2','《红楼梦》','曹雪芹'],
         ['3','《三国演义》','罗贯中'],
         ['4','《水浒传》','施耐庵']]
with open('result\mingzhu.csv', 'w', encoding ='utf-8', newline ='') as fp:
    writer = csv.writer(fp)
    writer.writerow(headers)    # writerow()方法写入一行数据
    writer.writerows(datas)     # writerows()方法写入多行数据
```

②DictWriter()方法：写入字典形式的数据。

```
import csv
headers = ['序号','书名','作者']
datas = [{'序号':'1','书名':'《西游记》','作者':'吴承恩'},
         {'序号':'2','书名':'《红楼梦》','作者':'曹雪芹'},
         {'序号':'3','书名':'《三国演义》','作者':'罗贯中'}]
data = {'序号':'4','书名':'《水浒传》','作者':'施耐庵'}
with open('result\mingzhu.csv', 'w', encoding ='utf-8', newline ='') as fp:
    dwriter = csv.DictWriter(fp, headers)
    dwriter.writeheader()            # writeheader()方法写入表头数据
    dwriter.writerows(datas)         # 写入多行数据
    dwriter.writerow(data)           # 写入一行数据
```

任务 7.4.5　pandas 库读写 csv 文件

读取输出文件 score.csv 前 2 行的内容，并将计算机、体育这两列的数据写入新文件 pc.csv 中。

1. 任务分析

pandas 库应用于数据分析领域，是第三方库，导入库之前需要先安装，该库提供了 read_csv()方法用于从 csv 文件中读取数据，to_csv()方法用于将数据写入 csv 文件中。

read_csv()方法的语法格式如下：

```
pandas.read_csv(filepath_or_buffer, sep =',', header ='infer', names =None, in-
dex_col =None,nrows =None)
```

参数 filepath_or_buffer 表示文件路径；参数 sep 表示分隔符，默认值为逗号；参数 header 表示是否将某行数据作为列名写入文件，默认值为 infer，表示自动识别；参数 names 表示列名，默认值为 None；参数值 index_col 表示索引列的位置，默认值为 None；参数 nrows 表示读取前 n 行，默认值为 None。

to_csv()方法的语法格式如下：

```
DataFrame.to_csv(filepath_or_buffer, sep =',', columns =None, header =True, in-
dex =True)
```

参数 filepath_or_buffer、sep 意义同上；参数 columns 表示要写入文件的列名，默认值为

None；参数 header 表示是否将列名写入文件，默认值为 True；参数 index 表示是否将行索引（行名）写入文件，默认值为 True。

2. 程序代码

```
import pandas as pd #导入pandas库,并取别名pd
df = pd.read_csv(r'data\score.csv', nrows=2)
print(df)
df.to_csv(r'result\pc.csv', columns=['计算机', '体育'], index=False)
```

运行结果：

```
    姓名  计算机  体育  劳动
0   张三   90   80  85
1   李四   60   78  90
```

文件 pc.scv 的内容如图 7-7 所示。

3. 任务拓展

本任务中，read_csv( )方法读取文件 score.csv 返回的结果为 DataFrame 类型，行索引默认是数字索引，从 0 开始，列索引自动识别为表头。若要自定义列索引（列名），可设置参数 names 的值。

图 7-7　文件 pc.scv 的内容

```
import pandas as pd
data = pd.read_csv(r'data\score.csv', names=['name', 'PC', 'PE', 'labor'])
print(data)
```

运行结果：

```
    name   PC   PE labor
0   姓名   计算机  体育  劳动
1   张三    90   80   85
2   李四    60   78   90
3   王五    80   90   70
```

DataFrame 类型的数据构造如下：

```
import pandas as pd
data = {'姓名':['张三', '李四', '王五'],
     '计算机':[90,60,80],
     '体育':[80,78,90],
     '劳动':[85,90,70]}
df = pd.DataFrame(data)
print(df)
```

运行结果：

```
    姓名  计算机  体育  劳动
0   张三   90   80  85
1   李四   60   78  90
2   王五   80   90  70
```

to_csv( )方法中，通过 columns = ['计算机','体育']指定只取列名为计算机、体育的数据，通过设置行索引 index 的值为 False 不将行索引写入文件。

任务 7.5　异常处理和断言

本任务将学习异常的种类，异常处理的机制，raise 语句、assert 语句主动抛出异常，并利用 try…except 语句捕获处理异常。

任务 7.5.1　try…except 语句：捕获异常

捕获处理文件不存在的异常。

1. 任务分析

以只读模式打开不存在的文件时，程序会抛出异常。若不处理异常，程序会报错并中断运行。为保证程序不中断运行，除了可在打开文件前先利用 os. path. exists( ) 判断文件是否存在外，还可利用 try…except 语句捕获文件不存在这个异常并处理。try…except 语句的语法格式如下：

```
try:
    异常捕获语句块
except [ExceptionName as e]:
    异常处理代码块
...
[else:
        无异常时执行的代码块
finally:
        有无异常都执行的代码块]
```

try 子句指定捕获异常的范围，try 代码块在执行过程中可能会生成异常对象并抛出。

except 子句用于处理 try 代码块中的异常；ExceptionName 用于指定捕获的异常类型；as e 为别名，表示捕捉到的错误对象，名称 e 可以任意。可写多个 except 子句，用于捕捉不同的异常。ExceptionName as e 可缺省，缺省表示捕获所有的异常。ExceptionName 的常见类型见表 7-6。

表 7-6　常见异常类

异常类	说明
AttributeError	属性错误
Exception	异常的基类
FileNotFoundError	文件错误，未找到文件
IndexError	索引错误，索引值超出索引范围
KeyError	键错误，访问不存在的键

续表

异常类	说明
NameError	变量错误，未声明的变量
SyntaxError	语法错误，又称解析错误，如缩进不对
TypeError	类型错误，如整型数据与字符型数据相加
ValueError	值错误
ZeroDivisionError	除数为 0

若 try 代码块无异常，不执行 except 子句，而是执行 else 子句。else、finally 子句可缺省。finally 子句不论有无异常，都会执行，常用于做资源的清理工作，如关闭文件、断开数据库连接等。

2. 程序代码

```
try:
    with open('python.py','r',encoding = 'utf - 8') as fp:
        pass
except FileNotFoundError as e:
    print(e)
else:
    print("无异常,读取的文件存在")
finally:
    print("有无异常都会执行")
```

运行结果：

```
[Errno 2] No such file or directory: 'python.py'
有无异常都会执行
```

3. 任务拓展

①IndexError 举例：注意列表的下标从 0 开始。

```
#访问列表的最后一个元素
m = ['子鼠','丑年','寅虎','卯兔','辰龙','巳蛇','午马','未羊','申猴','酉鸡','戌狗',
'亥猪']
try:
    n = m[12]
    print(n)
except Exception as e:
    print("错误", e)
```

运行结果：

```
错误 list index out of range
```

②NameError 举例：注意变量区分大小写。

```
#访问变量的值
try:
    year = 2023
    print(Year)
except Exception as e:
    print("错误", e)
```

运行结果：

```
错误 name 'Year' is not defined
```

③TypeError 举例：注意字符串类型的数据与整型数据不能直接运算。

```
#字符串、整型数据运算
try:
    print('year' +2023)
except Exception as e:
    print("错误", e)
```

运行结果：

```
错误 must be str, not int
```

④ZeroDivisionError 举例：除数不能为 0。

```
#计算商
x = eval(input('请输入'))
try:
    x = 100 /x
    print('{:.2f}'.format(x))
except Exception as e:
    print("错误",e)
```

运行结果：

```
请输入 0
错误 division by zero
```

任务 7.5.2　raise 语句：抛出异常

要求根据输入的成绩确定等级。假设成绩值≥90 定为 A 等，≥80 定为 B 等，≥60 定为 C 等，<60 定为 D 等。若输入的成绩值>100，或<0，则抛出异常并处理这个异常。

1. 任务分析

程序除了因错误触发异常外，还可使用 raise 语句主动抛出异常，一般是用户自定义的异常。如果本任务中输入的成绩值不符合百分制，则作为异常处理。raise 语句的语法格式如下：

```
raise [ExceptionName(description)]
```

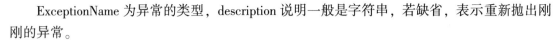

ExceptionName 为异常的类型，description 说明一般是字符串，若缺省，表示重新抛出刚刚的异常。

2. 程序代码

```
score = eval(input("请输入成绩:"))
try:
    if score > 100 or score < 0:
        raise ValueError("输入的值超出范围")
    elif score >= 90:
        grade = "A"
    elif score >= 80:
        grade = "B"
    elif score >= 60:
        grade = "C"
    else:
        grade = "D"
    print("百分制成绩:{};成绩等级:{}。".format(score, grade))
except Exception as e:
    print("错误",e)
```

运行结果：

```
请输入成绩:-9
错误 输入的值超出范围
```

```
请输入成绩:102
错误 输入的值超出范围
```

```
请输入成绩:68.8
百分制成绩:68.8;成绩等级:C。
```

3. 任务拓展

raise 语句只是抛出异常，并没有捕获处理异常，故程序运行时还是会报错并中断运行，需要结合 try…except 语句使用。

任务7.5.3   assert 语句：处理异常

利用 assert 语句处理任务7.5.2 的异常。

1. 任务分析

assert 语句又称断言语句，可理解为有条件的 raise 语句。assert 语句的语法格式如下：

```
assert boolcondition[, description]
```

boolcondition 布尔表达式，当 boolcondition 不成立，即值为假时，触发 AssertionError 异常。description 说明一般是字符串，可缺省。

2. 程序代码

```
score = eval(input("请输入成绩:"))
try:
```

```
        assert 0 <= score <= 100,"输入的值超出范围" # 当 0 <= score <= 100 为假时,抛出异常
        if score >= 90:
                grade = "A"
        elif score >= 80:
                grade = "B"
        elif score >= 60:
                grade = "C"
        else:
                grade = "D"
        print("百分制成绩:{};成绩等级:{}。".format(score, grade))
except Exception as e:
        print("错误",e)
```

项目小结

本项目中，学习了 Python 的内置模块，包括 os 模块、os. path 模块等，来处理文件和目录；学习了打开文件的 open( )函数、关闭文件的 close( )方法、上下文管理语句 with；学习了文件的读写方法；学习了 raise 语句、assert 语句主动抛出异常，try…except 语句捕获处理异常。通过本项目的学习，结合字符串、列表、字典等知识，能够处理原文件中的数据，并保存到目标文件中。

习　题

一、选择题

1. 以下关于 Python 文件打开模式的描述中，错误的是（　　　）。

A. 只读模式 r 　　　　B. 覆盖写模式 w 　　　　C. 追加写模式 a 　　　　D. 创建写模式 n

2. 打开文件的不正确写法为（　　　）。

A. f = open('test. txt','r')
B. with open('test. txt','r') as f
C. f = open('C:\Apps\test. txt','r')
D. f = open(r'C:\Apps\test. txt','r')

3. NumPy 中组函数可以用于装载和保存 NumPy 特定的二进制格式文件的是（　　　）。

A. load 和 save 　　　　B. loadtxt 和 savetxt 　　　　C. from_csv 和 to_csv 　　　　D. open 和 save

4. 以 0 为除数时，将会引发（　　　）错误。

A. ZeroDivisionError　　B. IndexError 　　　　C. NameError 　　　　　D. AttributeError

5. 如果要处理的文件不存在，一般会出现的错误是（　　　）。

A. OSError 　　　　　　　　　　　　B. ValueError
C. TypeError 　　　　　　　　　　　D. FileNotFoundError

6. 使用 open 函数打开文本文件后，使用（　　　）函数读取一行文本。

A. readline 　　　　B. readlines 　　　　C. read 　　　　　D. getline

7. 对文件进行读/写之前,需要使用( )函数来创建文件对象。

A. open( )   B. file( )   C. folder( )   D. create( )

8. 使用 seek( )方法移动文件指针时,参考点参数为( )时,表示以文件开头为参考点。

A. 1   B. −1   C. 2   D. −2

9. 使用 open 函数以只读方式打开一个二进制文件时,mode 参数应设置为( )。

A. r   B. rb   C. wr   D. binary

10. (多选题)下列( )函数是 file 对象所具有的。

A. close   B. flush   C. rename   D. read

二、填空题

1. 对文件进行写入操作之后,方法_____用来在不关闭文件对象的情况下将缓冲区内容写入文件。

2. 使用上下文管理关键字_____可以自动管理文件对象,不论何种原因结束该关键字中的语句块,都能保证文件被正确关闭。

3. Python 标准库 os 中的方法_____返回包含指定路径中所有文件和文件夹名称的列表。

4. 复制目录可以使用_____函数来实现。

5. 文件对象的_____方法用来返回文件指针的当前位置。

6. 二进制文件是基于_____的文件,可以视为自定义编码,其存储内容是字节码。

7. 文本文件与二进制文件在物理上并没有区别,它们的区别在于_____的不同,即采用的_____不同。

三、程序设计题

1. 编写程序,在 D 盘根目录下创建一个文本文件 test. txt,并向其中写入字符串 hello world。

2. 统计"data. txt"文件(文件内容自拟)中的英文单词及其数量,打印出单词及其个数。

3. 编写程序,在文件 score. txt 中写入 5 名学生的姓名、学号和 3 门考试课的成绩,然后将所有两门以上(含两门)课程不及格的学生信息输出到文件 bad. txt,其他学生信息输出到 pass. txt。

4. 编写程序,从键盘输入用户名和密码,判断该用户名和密码是否均在文件 information. txt(文件第一行是用户名,第二行是密码)中。若在,则提示用户名和密码正确,否则,提示用户名和密码错误。如果文件打开失败,则进行异常处理并提示文件打开失败,否则,关闭文件。不管文件打开成功与否,最后都打印输入的用户名和密码。

5. 将字典数据[({'level': 'Senior', 'lang': 'Java', 'tweets': 'no', 'phd': 'no'}, False), ({'level': 'Mid', 'lang': 'Python', 'tweets': 'no', 'phd': 'no'}, True), ({'level': 'Junior', 'lang': 'R', 'tweets': 'yes', 'phd': 'no'}, True)] 写入 data. csv 文件中。

项目 8

面向对象编程

面向对象编程（Object Oriented Programming）是一种程序设计思想，是一种编程范例，当前几乎所有的开发语言都采用面向对象程序设计。Python 从设计之初就是一门面向对象的语言，在 Python 中，"一切皆对象"。对现实中事物的特征和行为进行抽象和提取，得到类，以类作为模板、蓝图，得到具体实例对象，本项目以任务的方式依次介绍类和实例的基本概念，定义类和实例化对象，探讨类的继承性和多态性，介绍装饰器、迭代器、生成器的概念和使用。

项目任务

- 类和实例
- 属性
- 继承与多态
- 迭代器与生成器

学习目标

- 理解类和实例的关系
- 掌握定义类及其实例化
- 理解类的封装性、继承性、多态性
- 了解装饰器、迭代器、生成器

任务 8.1 类和实例

类描述了相似事物的共同特征和共有行为动作，是对具体事物的高度抽象。创建类就是定义其数据成员和成员方法，由此展开私有成员和公有成员、类方法和静态方法知识，并介绍闭包、装饰器、类装饰器概念。通过类这个模板，生成一个个具体的事物，这就是实例对象。

任务 8.1.1 类和实例：管理学生信息

学生管理系统要管理成千上万学生信息，采用传统的面向过程编程思想几乎无法完成任务。学生需要记录姓名、性别、年龄、身高、体重、电话、住址等信息，同时记录生成的学生的数量，另外，还要实现设置学生姓名、性别、年龄等信息和显示学生信息的功能。采用面向对象程序设计将所有学生抽象为 Student 类，并由 Student 类生成若干实例对象，即真实的学生。

1. 任务分析

面向对象编程的基本思想是把对象的特征（数据成员）和对象的操作（成员方法）封装在一起，便于管理，可实现代码复用。学生的姓名、性别、年龄、身高等属于特征，即数据成员；设置学生信息和显示学生信息属于操作，即成员方法。类就是把数据成员和成员方法封装在一起，类具有高度的抽象性。

1）定义类

一般结构为：

```
class 类的名称:
    类体
```

类的名称首字母一般大写，如 Student，数据成员和成员方法在类体中定义和使用。

2）实例对象

像"张三""李四"具有鲜活生命特征（有具体的姓名、性别、身高等信息）的学生个体，称为实例或实例对象。实例对象是通过类来创建的，一个类可以生成千千万万实例对象，用类创建实例对象的基本结构如下：

```
实例对象名 = 类的名称()
```

实例对象名首字母一般小写。如 zs = Student()。

3）数据成员

数据成员是以变量形式存在，数据成员包括类变量和实例变量。

（1）类变量

它隶属于类，既可以被类引用，又可以被实例对象引用，所以，类变量由类和所有实例对象共享，一般定义在成员方法外。比如，本任务用来记录创建实例对象的数量的变量由类和所有学生对象共享，取 number 作为变量名，属于类变量，定义在方法外面。

（2）实例变量

它隶属于实例对象，只能被实例对象引用，一般定义在成员方法内部，实例变量定义时用 "self." 修饰。此时，成员方法称为实例方法，第一个参数必须是 self。如学生姓名等属于实例对象的，可用 self. name 来定义，定义在实例方法内部。

4）成员方法

在类中定义的函数又称为方法，成员方法本质上是一个函数。方法名称首字母一般小写。实例方法的第一个参数是 self，表示实例对象自身，在实例对象调用该方法时，无须给 self 传参数，因为 self 就是实例对象自己。Python 还有类方法和静态方法，这些方法不能有 self 参数。如用来设置学生姓名的方法定义如下：

```
def setName(self, name):
    self.name = name
```

注意，方法的参数 name 属于局部变量，和实例变量 self. name 不冲突，局部变量只能在 setName 方法的方法体中使用，无法被其他方法使用。

5）数据成员和成员方法的访问方式

类的成员访问方式为"类名 . 成员"，实例对象的成员访问方式为"对象名 . 成员"，这里成员包括数据成员、成员方法。实例方法的第一个参数 self 指实例对象自身，访问时无须传入参数。

根据以上知识，本任务的实现代码如下。

2. 程序代码

```
# 定义类 Student
class Student:
    # 定义类变量 number
    number = 0
    # 定义成员方法,用于设置学生姓名,其中 self.name 是实例变量,其他方法类似
    def setName(self, name):
        self.name = name
    def setSex(self, sex):
        self.sex = sex
    def setAge(self, age):
        self.age = age
    def setHeight(self, height):
        self.height = height
    def show(self):
        print("学生信息:姓名 -{},性别 -{},年龄 -{},身高 -{}".
               format(self.name, self.sex, self.age, self.height))


if __name__ == '__main__':
    # 创建学生:张三
    zs = Student()
    # 类和实例对象都可以访问类变量
    Student.number = zs.number +1
    # 调用实例对象的成员方法,无须给 self 传参数
    zs.setName("张三")
    zs.setSex("男")
    zs.setAge(18)
    zs.setHeight(1.75)
    zs.show()
    print("创建了{}个学生".format(Student.number))
    # 创建实例对象:李四
    ls = Student()
    Student.number = ls.number + 1
    ls.setName("李四")
```

```
        ls.setSex("男")
        ls.setAge(19)
        ls.setHeight(1.68)
        ls.show()
        print("创建了{}个学生".format(Student.number))
```

运行结果：

```
学生信息:姓名 - 张三,性别 - 男,年龄 -18,身高 -1.75
创建了 1 个学生
学生信息:姓名 - 李四,性别 - 男,年龄 -19,身高 -1.68
创建了 2 个学生
```

3. 任务拓展

从上述任务可知，类（Class）和类的实例（Instance）是面向对象基本概念，类是对相似事物的抽象，实例是用类作为模板生成的具体事物。

类变量还可以在程序运行时动态地添加，体现了 Python 是一门动态语言。如：

```
#上例最后增加以下两行代码
Student.teacher = '张老师'                    # 动态增加类变量:teacher
print("学生{}的班主任是:{}".format(zs.name, Student.teacher))
```

运行结果：

```
学生信息:姓名 - 张三,性别 - 男,年龄 -18,身高 -1.75
创建了 1 个学生
学生信息:姓名 - 李四,性别 - 男,年龄 -19,身高 -1.68
创建了 2 个学生
学生张三的班主任是:张老师
```

任务 8.1.2　数据成员和成员方法：管理学生信息

任务 8.1.1 中定义类的实例变量在外部可直接访问，不满足面向对象编程思想的封装性要求，为此，要求对外隐藏，即数据成员的私有化处理。要求创建实例对象时，对姓名、性别等私有的实例变量进行初始化，且类的实例对象数量加 1；销毁对象时，实例对象的数量减 1。要求在类中通过类方法或静态方法访问记录实例对象数量的私有类变量__number。

任务 8.1.2

1. 任务分析

本任务引入了多个概念，包括公有成员和私有成员、类方法和静态方法、构造方法和析构方法，在此进行详细解析。

1）公有成员和私有成员

这里成员指的是数据成员和成员方法。Python 没有像 Java 那样的访问控制修饰符 private、protected、public 来约束对成员的访问，而是通过成员名称的命名规范来界定。

（1）私有成员

成员名称以双下划线开始，并且不以双下划线结束。私有成员一般在类的内部进行访问和操作，下例定义了私有的数据成员和成员方法。

```
class Student:
    # 类的构造方法
    def __init__(self, name):
        # self.__name 是实例变量的私有数据成员
        self.__name = name

        # __show 是实例变量的私有成员方法
        def __show(self):
            # 类的成员方法可以访问私有成员
            print("姓名:%s " % (self.__name))

zs = Student("张三")
zs.__show()
print("实例 zs 的姓名:%s" % zs.__name)
```

在类的外部无法访问私有成员，以上语句中 zs. __show( )和 zs. __name 报错。

注意，Python 并没有对私有成员提供严格的访问保护机制，通过一种特殊方式"对象名. _类名__xxx"也可以在外部访问私有成员，但这会破坏类的封装性，不建议这样做。

（2）公有成员

名称不以双下划线和单下划线开头的成员。公有成员几乎在所有的地方都可以访问，在集成开发环境中，类名或实例名后加一个"."，会列出其所有的公有成员，如图 8 - 1 所示。

图 8 - 1　类、实例对象的公有成员

（3）系统的特殊成员

名称以双下划线开始和结束的成员，包括数据成员和成员方法，这里只讨论特殊方法。类的特殊方法是由 Python 解释器调用的，自己并不需要主动调用它。如构造方法 __init__(self)是在创建对象时自动调用，析构方法 __del__(self)是在销毁对象时自动调用，取长方法 __len__(self)是在使用 len 函数时自动调用，迭代方法 __iter__(self)是在使用 iter 函数时自动调用，迭代取值方法 __next__(self)是在使用 next 函数时自动调用，__call__(self)方法是在用"对象名（)"时自动调用。更多的特殊方法请参考相关资料。下面代码演示了 __init__(self)方法的使用。

```
class Student:
    def __init__(self, name, age):
        self.__name = name
        self.__age = age
        print("执行了构造方法,用于对私有数据成员初始化")
```

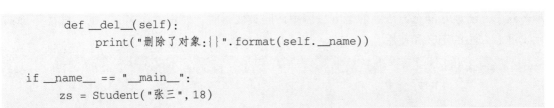

```
        def __del__(self):
            print("删除了对象:{}".format(self.__name))

if __name__ == "__main__":
    zs = Student("张三",18)
```

运行结果：

执行了构造方法,用于对私有数据成员初始化
删除了对象:张三

2）类方法和静态方法

类的公有方法和私有方法，包括系统特殊的成员方法，都有一个 self 参数，属于实例对象的成员方法，是可以被访问的实例对象成员。还有一类方法，方法体中只能访问类的成员，不能访问实例对象的成员，包括类方法和静态方法。这类方法都可以被类和实例对象调用和访问。

（1）类方法

如果方法第一个参数是 cls，且加上类装饰器@ classmethod，那么这个方法就是类方法。cls 代表这个类，类装饰器的相关知识参考任务扩展部分。下面演示了类方法的定义和使用。

```
class Student:
    #定义私有的类变量
    __number = 0
    def __init__(self, name, age):
        self.__name = name
        self.__age = age
        #在实例对象方法中用类名.来访问类变量
        Student.__number += 1

    #定义类方法
    @classmethod
    def show(cls):
        print("Student 类创建了% d个实例对象" % cls.__number)

if __name__ == "__main__":
    zs = Student("张三",18)
    Student.show()
    ls = Student("李四",19)
    ls.show()
```

运行结果：

Student 类创建了 1 个实例对象
Student 类创建了 2 个实例对象

（2）静态方法

如果类定义的方法的第一个参数既不是 self，也不是 cls，且加上类装饰器@ staticmethod，

那么这个方法就是静态方法。静态方法体中访问类变量时，使用"类名."的方式。下面演示了静态方法的定义和使用。

```python
class Student:
    # 定义私有的类变量
    __number = 0
    def __init__(self, name, age):
        self.__name = name
        self.__age = age
        # 在实例对象方法中用类名.来访问类变量
        Student.__number += 1

    # 定义静态方法
    @staticmethod
    def show():
        print("Student 类创建了%d个实例对象" % Student.__number)

if __name__ == "__main__":
    zs = Student("张三", 18)
    Student.show()
    ls = Student("李四", 19)
    ls.show()
```

运行结果：

```
Student 类创建了1个实例对象
Student 类创建了2个实例对象
```

根据以上知识，本任务的程序代码如下。

2. 程序代码

```python
# 定义类 Student
class Student:
    # 定义类私有变量__number
    __number = 0

    # 构造方法,方法体中定义了4个私有数据成员
    def __init__(self, name, sex, age, height):
        self.__name = name
        self.__sex = sex
        self.__age = age
        self.__height = height
        Student.__number += 1

    # 析构方法
    def __del__(self):
        Student.__number -= 1
```

```
#公有成员方法
def show(self):
    print("学生信息:姓名-{},性别-{},年龄-{},身高-{}".
        format(self.__name, self.__sex, self.__age, self.__height))
print("当前创建了{}个学生".format(Student.__number))

if __name__ == '__main__':
    #创建学生:张三
    zs = Student("张三","男",18,1.75)
    zs.show()
    ls = Student("李四","女",19,1.66)
    ls.show()
```

运行结果:

```
学生信息:姓名-张三,性别-男,年龄-18,身高-1.75
当前创建了1个学生
学生信息:姓名-李四,性别-女,年龄-19,身高-1.66
当前创建了2个学生
```

3. 任务拓展

在定义类方法时,使用到了类装饰器@ classmethod,装饰器本质上是闭包。那么什么是闭包? 什么是装饰器? 什么是类装饰器? 下面逐一介绍。

1) 闭包

一个外部函数嵌套了一个内部函数,内部函数可以引用外部函数的变量,外部函数的返回值是内部函数,这就是一个闭包。下面是示例:

```
def outer(x):
    def inner(y):
        return x + y
    return inner
```

执行时,调用外部函数,需两次传参,第一次传给外部函数形式参数,该参数可被内部函数引用,最后返回 inner(y) 的执行结果,而第二次传给内部函数形式参数。比如,调用 outer(1)(2) 时,先将 1 赋给 x,返回 inner(y);再将 2 传入 y,最后返回 inner(2) 的结果。调用及运行结果如下:

```
print(outer(1)(2))
3
```

2) 装饰器

装饰器是闭包的一种应用,也就是说,装饰器就是一个闭包。装饰器是用于拓展原函数(闭包中的内部函数) 功能的一种函数,它可以在不修改原函数代码的情况下增加原函数的新功能,这里的装饰器是一个外部函数,故又称函数装饰器。装饰器的参数一般是一个函数对象。装饰器应用在函数定义之前,格式为@ 装饰器名。

先看下面程序：

```
def f1():
    print("hello python")
def f2():
    print("hello python")
f1()
f2()
```

程序运行结果：

```
hello python
hello python
```

仅从结果看不出每条输出 hello python 来自哪条语句。如果不想修改函数 f1 和 f2，而想得到输出 hello python 是来自哪个函数的调用，可以定义一个函数装饰器，然后把装饰器应用在两个函数的定义之前。下面是使用装饰器后的代码：

```
# 定义一个装饰器,也就是闭包,参数是函数对象
def debug(obj):
    def inner():
        # 任何对象都有私有属性__name__,为该对象的名称
        print("当前进入函数{}()".format(obj.__name__))
        # 执行函数对象语句
        return obj()
    return inner

# 应用装饰器,用装饰器修饰的函数对象将作为参数传入闭包
@ debug
def f1():
    print("Hello Python")
@debug
def f2():
    print("Hello Python")
f1()    # 相当于执行了 debug(f1)()
f2()    # 相当于执行了 debug(f2)()
```

运行结果如下：

```
当前进入函数 f1()
Hello Python
当前进入函数 f2()
Hello Python
```

由此可见，不修改函数 f1 和 f2 的函数体，定义装饰器 debug，并将装饰器应用于函数 f1 和 f2 前，便可知道输出结果 Hello Python 来自哪个函数的执行。

3）类装饰器

类装饰器也是应用在函数定义之前，修饰格式为@类装饰器名。类装饰器的闭包是一个类，也就是外部为一个类而不是函数，该类通过构造方法传入类构造器修饰的函数对象，然

后通过类的特殊方法__call__来实现类的自动调用。

将装饰器的示例代码改造为类装饰器，代码如下：

```
# 定义一个类装饰器,构造方法参数是函数对象
class debug:
        # 将类装饰器修饰的函数对象传入构造方法
        def __init__(self, obj):
            self.obj = obj

        def __call__(self, *args, **kwargs):
            print("当前进入函数{}()".format(self.obj.__name__))
            # 执行函数对象
            return self.obj(*args, **kwargs)

# 类装饰器修饰函数,它修饰的函数对象将作为参数传入闭包
@debug
def f1():
        print("Hello Python")
@debug
def f2():
        print("Hello Python")
f1()
f2()
```

运行结果如下：

```
当前进入函数 f1()
Hello Python
当前进入函数 f2()
Hello Python
```

任务 8.2　属性

要修改类的私有数据成员的值，需要在类中定义相应的公有成员方法，如果有大量私有数据成员，那么就会创建大量的公有成员方法。为此，Python 支持对外可访问的属性，把设置私有数据成员的成员方法隐藏起来，大大减少了暴露在外的公有成员。可以使用装饰器创建属性，也可以使用内置函数 property 来创建属性，属性访问方式为"实例对象.属性名"。

任务 8.2.1　装饰器：年龄属性

要求用属性来实现对学生年龄的读、写、删除操作。

1. 任务分析

对实例对象的私有数据成员进行读取、修改、删除时，常规的做法是自己定义公有的成员方法来实现对学生年龄的读、写、删除操作，程序代码如下。

任务 8.2.1

```
class Student:
    def __init__(self, age):
        self.__age = age

    # 读取年龄的成员方法
    def getAge(self):
        return self.__age

    # 更改年龄的成员方法
    def setAge(self, age):
        self.__age = age

    # 删除年龄的成员方法
    def delAge(self):
        del self.__age

if __name__ == "__main__":
    zs = Student(18)
    print("修改前年龄是:%d" % zs.getAge())
    zs.setAge(20)
    print("修改后年龄是:%d" % zs.getAge())
    zs.delAge()
    print("删除年龄后,读取年龄:%d" % zs.getAge())
```

运行结果:

```
修改前年龄是:18
修改后年龄是:20
AttributeError: 'Student' object has no attribute '_Student__age'
```

上述方法虽然可行，但是对外暴露了 getAge、setAge、delAge 方法。Python 支持定义属性，一个属性对应着类中的一个私有数据成员，它整合了数据成员和成员方法，对外只暴露属性，支持通过属性实现对私有数据成员的读、写、删除等操作，访问方式为"对象 . 属性名"。

下面通过装饰器来创建属性。用@ property 修饰成员方法创建只读属性，该成员方法的名称就是属性名；用@ 属性名 . setter 修饰成员方法创建可写属性，成员方法名与属性名相同；用@ 属性名 . deleter 修饰成员方法创建可删除属性，成员方法名与属性名相同。下面是实现学生的 age 属性的代码。

2. 程序代码

```
class Student:
    def __init__(self, age):
        self.__age = age

    # 只读属性
    @property
    def age(self):
        return self.__age
```

```
        # 可写属性
        @ age.setter
        def age(self, age):
            self.__age = age

        # 删除属性
        @age.deleter
        def age(self):
            del self.__age

if __name__ == "__main__":
    zs = Student(18)
    print("修改前年龄是:%d" % zs.age)
    zs.age = 20
    print("修改后年龄是:%d" % zs.age)
    del zs.age
    print("删除年龄后,读取年龄:%d" % zs.age)
```

注意，这里用装饰器修饰的成员方法名 age 只能作为属性使用。运行结果：

```
修改前年龄是:18
修改后年龄是:20
AttributeError: 'Student' object has no attribute '_Student__age'
```

任务 8.2.2　property 函数：年龄属性

使用内置函数 property 创建学生年龄的属性 age。

1. 任务分析

用 property 函数创建属性的主要步骤：首先，创建私有的成员方法用于对私有的数据成员的读、写、删除操作；再用 property 函数把私有方法名称作为参数传入，并返回属性。具体参看程序代码。

使用私有的成员方法完成对私有数据成员的操作，满足了类的封装性要求。

2. 程序代码

```
class Student:
    def __init__(self, age):
        self.__age = age

        # 定义私有方法,用于读
        def __getAge(self):
            return self.__age

        # 定义私有方法,用于写
        def __setAge(self, age):
            self.__age = age
```

```
        # 定义私有方法,用于删除
        def __delAge(self):
            del self.__age


        # 定义可读可写可删除的属性 age
        age = property(__getAge, __setAge, __delAge)

if __name__ == "__main__":
    zs = Student(18)
    print("修改前年龄是:%d" % zs.age)
    zs.age = 20
    print("修改后年龄是:%d" % zs.age)
    del zs.age
    print("删除年龄后,读取年龄:%d" % zs.age)
```

相比之下，用内置函数 property 创建属性更为简单，运行结果：

```
修改前年龄是:18
修改后年龄是:20
AttributeError: 'Student' object has no attribute '_Student__age'
```

任务 8.3 继承与多态

父类派生出子类，子类拥有父类的所有公有成员，便是继承。代码复用是类的继承目标之一，类的继承也便于项目的层次化管理。父类和子类拥有同名成员方法是类的多态性表现之一。

任务 8.3.1 类的继承：Student 继承 Person

Person 类包含私有数据成员"姓名"和"年龄"，通过自定义公有成员方法读、写这两个私有数据成员。Student 类是继承 Person 类的公有成员，并新增私有数据成员"学校"和用于显示学生信息的公有方法。通过类的继承完成本任务。

任务 8.3.1

1. 任务分析

面向对象程序设计思想目标之一是实现代码复用，类的继承可达到代码复用的目的。被继承的类称为父类、基类，继承父类的类称为子类、派生类。子类可继承父类的公有成员，不能继承私有成员。子类继承父类，子类是对父类的二次开发和扩展。Python 支持多继承。实际上，本项目之前创建类的所有示例中，创建的类都是继承自基类 object，语句 class Student：等效于 class Student（object）：。

子类继承父类的定义一般形式为：

```
class 子类名(父类名 1 [,父类名 2,…]):
    类体
```

在子类中，访问父类的公有数据成员直接使用"self."，而调用父类公有成员方法有两种方式：

①父类名.公有成员方法(含 self 在内参数)

②super(子类名,self).公有成员方法(除 self 之外的参数)

比如，在子类中调用父类的构造方法，方法1：父类名.__init__ （含 self 在内参数）；方法2：super(子类名,self).__init__ （除 self 之外的参数）。使用继承实现任务的代码如下。

2. 程序代码

```python
class Person(object):
    # 父类的构造方法
    def __init__(self, name, age):
        self.setName(name)
        self.setAge(age)

    # 定义公有成员方法,管理私有数据成员__name
    def setName(self, name):
        self.__name = name
    def getName(self):
        return self.__name
    def setAge(self, age):
        self.__age = age
    def getAge(self):
        return self.__age

class Student(Person):
    # 子类的构造方法
    def __init__(self, name, age, school):
        # 调用父类的构造方法1:父类名.__init__(含 self 在内参数)
        # Person.__init__(self, name, age)
        # 调用父类的构造方法2:super(子类名,self).__init__(除 self 之外的参数)
        super(Student, self).__init__(name, age)
        self.__school = school

    # 子类扩展的公有方法
    def show(self):
        print("姓名:%s,年龄:%d,学校:%s" % (Person.getName(self),
            super(Student, self).getAge(), self.__school))

if __name__ == "__main__":
    zs = Student("张三", 18, "北京大学")
    zs.show()
```

运行结果：

```
姓名:张三,年龄:18,学校:北京大学
```

187

任务 8.3.2　类的多态性：重写方法

Animal 类包括私有数据成员 "name" 和公有成员方法 shout( )、getName( )，子类 Cat 和 Dog 都继承自 Animal 类，并都重写 shout 方法。Cat 类生成实例对象 tom，Dog 类生成实例对象 spike，执行 tom 和 spike 的 shout 方法，并验证 tom 是否都是 Animal 和 Cat 的实例。

1. 任务分析

多态性依赖继承性，是指一个事物有多种形态，如方法的多态性、实例的多态性等。这里，如 Animal 类和 Cat 类都有 shout 方法，体现了方法的多态性；tom 既是 Cat 类的实例，也是 Animal 类的实例，体现了实例的多态性。

这里子类没有扩展数据成员，无须重写构造方法，生成实例对象时，将直接调用父类的构造方法。判断一个实例对象是否为类的实例，使用 isinstance(实例对象，类名) 方法。

基于上述知识，本任务程序代码如下。

2. 程序代码

```python
#基类
class Animal(object):
    def __init__(self, name):
        self.__name = name
    def shout(self):
        print("动物叫")
    def getName(self):
        return self.__name


#子类 Dog
class Dog(Animal):
    #子类重新定义了父类的 shout 方法,是多态性的表现之一
    def shout(self):
        print("%s:汪汪叫" % Animal.getName(self))


#子类 Cat
class Cat(Animal):
    #子类重新定义了父类的 shout 方法,是多态性的表现之一
    def shout(self):
        print("%s:喵喵叫" % Animal.getName(self))


tom = Cat("汤姆")
tom.shout()
spike = Dog("斯派克")
spike.shout()
print("tom是Animal类的实例吗:", isinstance(tom, Animal))
print("tom是Cat类的实例吗:", isinstance(tom, Cat))
```

运行结果：

汤姆:喵喵叫
斯派克:汪汪叫
tom 是 Animal 类的实例吗：True
tom 是 Cat 类的实例吗：True

任务 8.4　迭代器与生成器

迭代器和生成器是 Python 的特性。列表、元组、字典等都是可迭代对象。自己创建迭代器类，由它生成迭代器对象。迭代器对象支持 next 函数获取数据，该数据来自迭代器类的__next__方法的返回值。可以使用生成器来创建迭代器，从而得到可迭代对象。生成器表达式可直接生成一个生成器对象。

任务 8.4.1　用迭代器对象输出数据

Family 类有一个列表类型的私有数据成员__member，存放家庭成员称呼，从控制台获取成员称呼。要求创建迭代器类，实现成员称呼的迭代输出。

1. 任务分析

大多数容器对象，如元组、列表、字典、集合、字符串等，都可以用 for 语句结构访问各个元素，如 for item in [1,2,3]，这种访问风格清晰、简洁。在底层，for 语句会在容器对象上调用内置 iter 迭代函数对列表生成一个迭代器对象，从而逐一访问容器的元素。迭代器和生成器都是 Python 中特有的概念。

迭代器是一个特殊的类，该类实现了__iter__和__next__方法，__iter__方法返回迭代器自身，__next__方法返回迭代器的下一个值，如果没有了数据，抛出 StopIteration 异常表示迭代已经完成。换言之，任何实现了__iter__和__next__方法的类都是迭代器。

任何一个类都可以按照上述规则变成一个迭代器。iter 函数作用于迭代器时，返回迭代器自身，next 函数则返回迭代器对象的下一个值，所取的值取决于迭代器类中__next__方法的返回值，如果迭代完成，则抛出异常 StopIteration。

列表之类的容器使用 iter 函数生成一个迭代器对象，因此，这些容器对象又称为可迭代对象。下面创建一个迭代器：Reverse 类，该类用于将字符串反向逐一输出字符。该类中，实现了__iter__和__next__方法，故它是一个迭代器。

```python
class Reverse:
    # 构造方法,用于初始化字符串数据和索引
    def __init__(self, data):
        self.__data = data
        self.__index = len(data)

    # 类的特殊方法,返回迭代器对象本身
    def __iter__(self):
        return self
```

```
        # 类的特殊方法,用于获取下一个值
        def __next__(self):
            # 输出完所有元素后,抛出 StopIteration 异常,结束迭代。
            if self.__index == 0:
                raise StopIteration
            self.__index = self.__index - 1
            # 每次取字符串中的一个元素
            return self.__data[self.__index]

if __name__ == '__main__':
    rev = Reverse("Python")
    # 1. 使用 for 结构迭代输出
    # for item in rev:
    #     print(item, end = "")
    # 2. 使用 while 结构迭代输出
    while True:
        try:
            print(next(rev), end = "")
        except StopIteration:
            break
```

上述代码就是一个迭代器类,用它生成一个迭代器对象 rev 后,便可用在循环结构中用 next 函数获取 rev 的每个值。注意,for 结构不会抛出异常,while 结构中要处理因用 next 函数迭代结束后抛出的异常。示例中,迭代输出只能执行一次,故注释第一种方法。运行结果为:

```
nohtyP
```

参照上述示例和知识,本任务代码如下。

2. 程序代码

```
class Family(object):
    def __init__(self):
        # 列表类型的私有成员,存放称呼
        self.__member = []
        # 私有成员,存放迭代时的索引位置
        self.__index = -1

    # 成员方法,添加称呼用
    def add(self, name):
        self.__member.append(name)

    # 系统特殊方法__iter__
    def __iter__(self):
        return self
```

```
    #系统特殊方法__next__
    def __next__(self):
        if self.__index < len(self.__member) - 1:
            self.__index += 1
            return self.__member[self.__index]
        else:
            raise StopIteration

xiaoming = Family()
xiaoming.add('爷爷')
xiaoming.add('爸爸')
xiaoming.add('妈妈')
xiaoming.add('妹妹')
for item in xiaoming:
    print(item, end = ' ')
```

运行结果：

```
爷爷 爸爸 妈妈 妹妹
```

任务 8.4.2 使用生成器输出数据

Family 类有一个列表类型的私有数据成员__member，存放家庭成员称呼，要求创建生成器，实现成员称呼的迭代输出。

1. 任务分析

生成器是一个用于创建迭代器的工具，写法类似于标准的函数，当它们要返回数据时，会使用 yield 语句，而不是 return 语句。每次在生成器上调用 next 时，它都会从上次离开的位置恢复执行（它会记住上次执行语句时的所有数据值）。生成器无须编写__iter__和__next__方法，因为它会自动创建它们，当生成器终结时，会自动引发 StopIteration 异常。

生成器具有懒加载特性，只有执行 next 函数取下一个值或每次迭代时，生成器对象才会生成该值。下面通过生成器来实现字符串的反向输出。

```
#定义生成器 reverse,参数为字符串数据
def reverse(data):
    for index in range(len(data) - 1, -1, -1):
        yield data[index]

rev = reverse("Python")
for item in rev:
    print(item, end = ")
```

运行结果：

```
nohtyP
```

可见，相比迭代器，生成器的代码非常简洁。本任务的程序代码如下。

2. 程序代码

```
class Family(object):
    def __init__(self):
        #私有成员,存放称呼
        self.__member = []

    #成员方法,添加称呼用
    def add(self, name):
        self.__member.append(name)

    #成员方法,获取家庭成员列表
    def getMember(self):
        return self.__member

    #此生成器传入的参数是 Family 类产生的对象
    def getMember(f):
        listMember = f.getMember()
        for index in range(len(listMember)):
            yield listMember[index]

xiaoming = Family()
xiaoming.add('爷爷')
xiaoming.add('爸爸')
xiaoming.add('妈妈')
xiaoming.add('妹妹')
result = getMember(xiaoming)
for item in result:
    print(item, end = ' ')
```

运行结果:

```
爷爷 爸爸 妈妈 妹妹
```

3. 任务拓展

知道列表推导式 [i * 2 for i in range (10)], 可得到列表 [0, 2, 4, 6, 8, 10, 12, 14, 16, 18]。如果外层方括号改成圆括号, 就是生成器表达式, (i * 2 for i in range (10)) 将得到一个生成器对象。列表推导式得到的列表是一次性存储在内存中, 而生成器表达式具有懒加载特性, 需要从生成器取一个值时才会加载到内存, 从而节省内存。

生成器对象可以直接使用 sum、max、min、list 等函数进行计算和处理, 本质上是使用函数计算所有的返回值, 例如计算两个向量积, 可写成:

```
vec_x = [1, 2, 3]
vec_y = [4, 5, 6]
print(sum(x * y for x, y in zip(vec_x, vec_y)))
```

zip 函数生成可迭代的 zip 对象, 其元素是两个列表相应索引位的值组成的元组, 运行结果为:

32

项目小结

本项目从面向对象编程思想出发，介绍了类和实例对象的关系、类的数据成员、成员方法、私有成员和公有成员、类方法和静态方法等，封装性、继承性、多态性是类的三大基本特性。面向对象编程的过程是定义类，再以类作为蓝图、模板生成一个个具体的实例。另外，本项目还介绍 Python 特有的装饰器、迭代器、生成器知识。

习　　题

一、选择题

1. Python 类中定义私有属性的方法是（　　）。

A. 使用 private 关键字　　B. 使用__（双下划线）　　C. 无法声明　　　　　　D. 使用_

2. 在下列各项中，不属于面向对象编程基本特征的是（　　）。

A. 继承　　　　　　　　B. 可维护性　　　　　　C. 封装　　　　　　D. 多态

3. 要在类中定义构造方法，函数必须是（　　）。

A. _init_　　　　　　　　B. init　　　　　　　　C. __init　　　　　　D. __init__

4. 在每个 Python 类中，都包含一个特殊的变量（　　）。它表示当前实例对象自身，可以使用它来引用成员变量和成员方法。

A. this

C. self

B. me

D. 与类同名

5. 要将一个成员函数定义成静态方法，必须对它应用（　　）装饰器。

A. @ classmethod

C. @ static

B. @ class

D. @ staticmethod

6. 相同的类不同实例之间不具备（　　）。

A. 相同的对象名

C. 相同的操作集合

B. 相同的属性集合

D. 不同的对象名

7. 在 Python 中，定义类使用的关键字为（　　）。

A. object　　　　　　　B. class　　　　　　　C. key　　　　　　D. type

8. 在 Python 的类定义中，对类变量的访问形式为（　　）。

A. ＜对象＞. ＜变量＞

C. ＜对象＞. 方法（变量）

B. ＜类名＞. ＜变量＞

D. ＜类名＞. 方法（变量）

9. （多选题）子类 B 中的实例函数 f 要调用父类 A 中的实例函数 f，下列方法可行的有（　　）。

A. A. f(self)

C. super( ). f( )

B. A. f( )

D. super. f( )

二、填空题

1. 描述对象静态特性的数据元素称为_____。

2. __str__是一个和__init__方法类似的_____方法，返回一个对象的字符串表现形式。

3. 子类拥有父类的_____和_____。

4. 类的基本特性包括_____、_____和_____。

5. 定义类时，实例方法的第一个参数是_____，类方法的第一个参数是_____。

6. 默认所有类的祖先类是_____。

7. 定义类的属性的两种方法分别是_____和_____。

三、程序设计题

1. 编写程序，从键盘输入圆的半径，计算并输出圆的面积和周长。要求使用类和对象来实现。

2. 编写程序，从键盘输入两个整数，计算它们的最大公约数和最小公倍数。要求使用静态方法来实现。

3. 定义学员信息类，包含姓名、成绩属性。定义成绩打印方法，打印等级成绩（90 以上为优秀，80 以上为良好，70 以上为中等，60 以上为及格，60 以下为补考）。

4. 小明和小强都爱打球，小明的身高是 168 cm，体重是 62 kg；小强的身高是 172 cm，体重是 68 kg。每次打球体重会减少 0.5 kg，每次吃零食体重会增加 1 kg。用面向对象程序设计方法设计类，按要求生成小明和小强两个实例对象。执行 5 次打球和 3 次吃零食，分别显示小明和小强的个人信息，格式为：5 次打球和 3 次吃零食后，＊＊的体重为＊＊kg。

Tkinter界面编程

Python 支持图形用户界面 GUI 的模块有 Tkinter、PyQt、wxWidgets 等，Tkinter 模块是对 Tk 的进一步封装，从本质上来说，它是对 TCL/Tk 工具包的一种 Python 接口封装，可以在大多数的 UNIX 平台下使用，也可以应用在 Windows 和 Mac 系统里。Python 官方 Python 开发环境 IDLE 是用 Tkinter 做的。下面以任务的方式介绍主窗口对象，以及主窗口中的标签、按钮、文本框、列表框、下拉框等常用控件的创建和使用。

项目任务

- 主窗口对象
- 常用控件对象

学习目标

- 掌握用 Tkinter 模块创建主窗口对象
- 掌握常用组件的使用
- 理解并掌握三种布局的使用
- 掌握窗口和控件的事件处理

任务 9.1　主窗口对象

导入 Tkinter 模块后，几行代码就能得到一个图形化应用程序，根据具体情况设置主窗口样式、放置标签对象。另外，Tkinter 应用程序支持在 Windows 环境下独立运行。本任务介绍简单的图形化应用程序。

任务 9.1.1　Tkinter 模块：运行第一个图形化应用程序

使用 Tkinter 模块生成一个图形化应用程序。

1. 任务分析

人们习惯在控制台运行 Python 应用程序，Python 支持使用内置模块 Tkinter 或其他第三方模块生成图形化应用程序，Tkinter 支持包括窗口及在窗口中的标签、按钮、文本框、列表框、下拉框、进度条、滚动条、对话框、菜单等大部分图形界面所需的组件（控件）。

使用之前，用 import tkinter 导入该模块，再用"tkinter. 组件( )"形式创建组件对象；或用 from tkinter import * 导入模块中所有组件，在创建组件对象时，去掉前缀"tkinter."。

命令 tkinter. Tk( )将创建主窗口对象。要维持窗口应用程序持续运行，还要执行主窗口对象的 mainloop 方法，进入消息循环。

2. 程序代码

运行一个图形化应用程序只需下面 3 行代码：

```
import tkinter
# 创建主窗口对象
main = tkinter.Tk()
# 进入消息循环
main.mainloop()
```

运行结果如图 9 – 1 所示。

3. 任务拓展

一般情况下，源代码文件需要 Python 解释器运行，所以关闭解释器窗口，GUI 程序自动退出。为了让程序在 Windows 环境下独立运行，执行命令：pythonw ∗∗∗. py，关闭命令行窗口，应用程序仍然正常运行。图 9 – 2 演示了独立运行应用程序的命令。

图 9 – 1　第一个图形化应用程序图

图 9 – 2　独立运行图形化应用程序

任务 9. 1. 2　标签控件：带标签的图形化应用程序

使用 Tkinter 模块编写一个带标签控件的图形化应用程序。设置窗口标题为"Python 程序设计"，大小为 400 像素 × 200 像素，背景颜色为"#FFFFCC"，更换图标，居中显示。标签内容为"不忘初心，牢记使命"，背景颜色为 green，文字颜色为 pink，字体为"微软雅黑"、加粗、倾斜、20 像素，水平填充背景色，顶端放置，偏移标题 5 像素。

1. 任务分析

在当前程序文件目录中放置图标文件 favicon. ico。主窗口对象 main 的 title 方法设置标题；geometry 方法以字符串形式设置大小和位置，如"400x300 + 200 + 150"，其中，长、宽中"x"是字母 x，200、150 是窗口左上角的坐标位置；iconbitmap 方法设置图标；窗口对象["background"]用于设置背景色，窗口对象的其他设置见程序代码。

Label 是 Tkinter 的标签控件类，其构造方法的第一个参数必须是宿主组件，这里是主窗口对象，title、bg、fg、font 分别用于设置标签内容、背景色、文字颜色、字体，如 Label（root，text = "不忘初心，牢记使命"，font = （"华文行楷"，20），fg = "green"，bg = "#ffffff"）。标签对象的 pack 方法用于设置布局，主要参数有 side（放置位置）、fill（填充背景色方向）、padx（与左侧组件的间距）、pady（与上侧组件的边距）。

2. 程序代码

```
from tkinter import *
main = Tk()
# 设置窗口 title
main.title('Python 程序设计')
# 获取屏幕宽度和高度
width = main.winfo_screenwidth()
height = main.winfo_screenheight()
# 设置窗口大小和居中显示,格式为:宽×高+窗口左上角点的水平坐标+垂直坐标
main.geometry('400x200+%d+%d' % ((width-400)/2,(height-300)/2))
# 设置窗口被允许最大调整的范围
main.maxsize(800,600)
# 设置窗口被允许最小调整的范围
main.minsize(200,150)
# 设置窗口的的图标
main.iconbitmap('favicon.ico')
# 设置主窗口的背景颜色,支持英文单词、十六进制颜色值、Tk 内置的颜色常量
main["background"] = "#FFFFCC"
# 添加标签控件
lbl = Label(main, text = "不忘初心,牢记使命", bg = "green", fg = "pink", font =('微软雅
黑', 20, 'bold italic'))
lbl.pack(fill = "x", pady = '5px', side = 'top')
# 进入消息循环
main.mainloop()
```

运行结果如图 9 – 3 所示。

图 9 – 3　带标签的图形化应用程序

3. 任务拓展

1）Tkinter 常用的组件列表（表 9 – 1）

表 9 – 1　常用的组件

控件名称	描述
Button	按钮控件：显示按钮

控件名称	描述
Canvas	画布控件：显示图形元素，如线条或文本
Checkbutton	多选框控件：显示多项选择框
Entry	输入控件：用于输入简单的文本内容
Frame	框架控件：显示一个矩形区域，常用作容器
Label	标签控件：显示文本和位图
Listbox	列表框控件：显示一个字符串列表
Menubutton	菜单按钮控件：显示菜单项
Menu	菜单控件：显示菜单栏、下拉菜单和弹出菜单
Message	消息控件：显示多行文本，与 Label 比较类似
Radiobutton	单选按钮控件：显示单选的按钮
Scale	范围控件：显示一个数值刻度，用于限定范围的数字区间
Scrollbar	滚动条控件：当内容超过可视化区域时使用，如列表框
Text	文本控件：用于输入多行文本
Toplevel	容器控件：用来提供一个单独的对话框，和 Frame 比较类似
Spinbox	输入控件：与 Entry 类似，它可以指定输入范围值
PanedWindow	窗口布局管理器：可以包含一个或者多个子控件
LabelFrame	容器控件：常用于复杂的窗口布局
messagebox	消息框控件：显示应用程序的消息框，用 import tkinter. messagebox 导入

2）tkinter 组件通用的属性列表（表 9 - 2）

表 9 - 2　通用的属性

属性名称	描述
anchor	锚点，对控件或文字信息进行定位，取值可以为"n"、"ne"、"e"、"se"、"s"、"sw"、"w"、"nw"和"center"
bg 或 background	设置背景色，可以是颜色的英文单词、十六进制数、内置颜色常量
bitmap	显示在控件内的位图文件
borderwidth	控件的边框宽度，单位是像素
command	控件执行事件函数，如按钮单击执行特定的动作，或自定义函数
cursor	鼠标指针的类型，字符串型参数，如'crosshair'（十字光标）、'watch'（待加载圆圈）、'plus'（加号）、'arrow'（箭头）、'hand2'（手形）等

续表

属性名称	描述
font	设置控件内容的字体，元组类型参数（字体，大小，样式）
fg 或 foreground	设置前景色、字体颜色
height	设置控件的高度，文本控件以字符的数目为高度，其他控件则以像素为单位
image	显示在控件内的图片文件
ipadx、ipady	控件内的文字或图片与控件边框之间的水平、垂直距离，单位为像素
justify	多行文字的排列方式，值可以是'left'、'center'、'right'
padx、pady	控件对象与其他控件对象的水平、垂直距离，单位为像素
relief	控件的边框样式，参数值为'flat'（平的）、'raised'（凸起的）、'sunken'（凹陷的）、'groove'（沟槽桩边缘）、'ridge'（脊状边缘）
side	控件放置位置，可以为"left"、"right"、"top"、"bottom"
text	控件的标题文字
state	控件可用状态，参数值为'normal'、'disabled'，默认为'normal'
width	设置控件的宽度，文本控件以字符的数目为宽度，其他控件则以像素为单位

说明：Tkinter 模块定义了许多字符串常量，可以替换上述字符串值，如'left'可用 LEFT 替换，使用之前通过 from tkinter import * 导入。

任务 9.2 常用控件对象

任务 9.1.2 中列出了 Tkinter 常用的组件及组件常用的属性，本任务将较为详细地介绍各种组件的创建和美化，处理组件交互数据和事件，组件的 pack、place、grid 三种布局方式，这一切都需要通过代码实现。接下来从标签控件开始介绍。

任务 9.2.1 标签控件：制作计数器

在主窗口放置三个标签控件，分别显示静态文本、图片、动态文本，效果如图 9 - 4 所示。

1. **任务分析**

任务 9.1.2 中初次接触标签控件 Label，在代码中设置文本、背景色、字体色、字体、布局。本任务将学习用标签对象创建样式更丰富的静态文本、图片、动态文本。

1）创建静态文本的标签

下面代码是通过标签对象的构造方法实现创建静态文本。第

图 9 - 4 标签控件的使用

一个参数 main 是该静态文本的父容器对象，text 是静态文本的内容，参数 padx、pady 分别设置文本同标签边框的水平、垂直间距，布局时，水平方向完全填充背景色，padx 的值不起作用；参数 borderwidth 为边框宽度；参数 relief 为凹陷边框；参数 cursor 为鼠标移入为手形。

```
lbl1 = Label(main, text = "Hello \nPython", bg = "#ffccdd", fg = "red", font = ('微软
雅黑', 20, 'bold italic'), justify = 'left', padx = 10, pady = 5, borderwidth = 5, relief =
'sunken', cursor = 'hand2')
    lbl1.pack(fill = "x", pady = '5px', side = 'top')
```

2）创建放置图片的标签

要在标签对象上显示图片，先用 Tkinter 模块库中的 PhotoImage 生成图像对象，然后将标签的 image 参数设置为图像对象即可。

3）创建动态文本的标签

参数 text 用于设置标签的静态文本，如果要动态更新标签的内容，需要指定参数 textvariable 的值，该参数的值是动态数据类型变量。

①动态数据类型。

在程序运行过程中，有些控件显示或输入的信息会发生变化，那么就需要用到动态数据类型。根据数据类型（字符串、布尔值、浮点型、整型）的不同，有对应的动态数据类型，创建这些动态数据要用到 Tkinter 的对应方法，包括 StringVar、BooleanVar、DoubleVar、IntVar。如 username = tkinter. StringVar( )。

动态数据对象主要两个方法：set 和 get，分别表示给动态数据对象设置和获取数据。get 方法获取到字符串类型数据。

②动态数据和标签绑定。

将标签控件的参数 textvariable 和动态数据变量进行绑定。

③这里以计数作为动态显示的内容，每隔 1 s 加 1。为此，定义一个函数，是一个递归函数，在函数体里用主窗口对象的 after 方法来递归调用函数自身。注意，需要在主窗口进入消息循环之前调用该方法，相关代码参考下面。

2. 程序代码

```
# 添加静态文本标签对象
lbl1 = Label(main, text = "Hello \nPython", bg = "#ffccdd", fg = "red",
            font = ('微软雅黑', 20, 'bold italic'), justify = 'left', padx = 10,
            pady = 5, borderwidth = 5, relief = 'sunken', cursor = 'hand2')
lbl1.pack(fill = "x", pady = '5px', side = 'top')
# 创建图像对象
img = PhotoImage(file = 'test.png')
# 创建图片标签对象
lbl2 = Label(main, image = img)
lbl2.pack(pady = '5px', side = 'top')
# 创建动态文本标签对象
num = StringVar()
num.set(0)
```

```
    lbl3 = Label(main, textvariable = num, bg = '#FFFFCC', fg = "red",font = ('微软雅黑',
60, 'bold'))
    lbl3.pack(fill = "x", pady = '5px', side = 'top')
    # 自定义计数函数
    def getnum():
        # 设置动态数据对象的值
        num.set(int(num.get()) +1)
        # 主窗体每隔1s执行 getnum()函数
        main.after(1000, getnum)
    # 执行计数函数
    getnum()
```

3. 任务拓展

Message 控件的设置几乎和 Label 的一样，主要用于在显示多行标签时自动换行，本书不介绍。

任务 9.2.2　按钮控件：设计计算器

设计一款计算器，各种组件布局如图 9 - 5 所示。

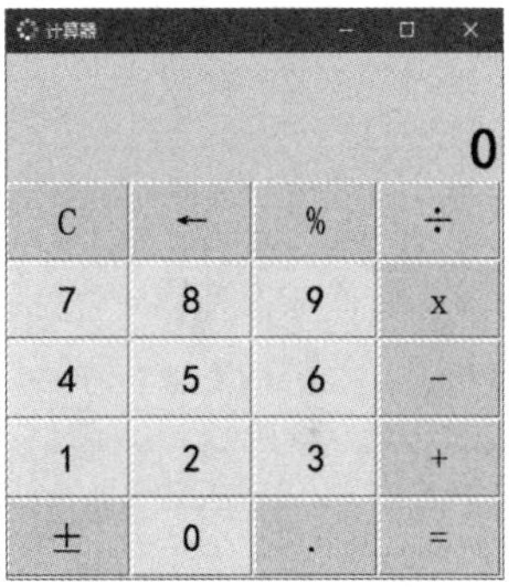

1. 任务分析

按钮对象是用 Tkinter 模块的 Button 标签来创建的。所有按钮采用相同字体，为此，定义字体元组（'黑体', 30,

图 9 - 5　计算器设计

"bold"）、（'黑体', 20）、（'宋体', 20），将按钮对象构造方法的 font 参数传入元组变量。按钮控件的主要参数和标签控件的相似，这里不再赘述。

接下来介绍主窗口中控件对象的三种布局。

1）相对布局 pack

按照控件的添加顺序进行排列，灵活性差。pack 布局主要是设置 side 参数，可以取 'top'（默认）、'left'、'right'、'bottom'，分别对应着上、左、右、下对齐。pack 方法中不能设置控件的高度和宽度，需在控件构造方法中通过 width 和 height 设置，单位是字符数。

示例：

```
    lbl_welcome = Label(main, text = '欢迎 Python', bg = "#90EE90", height = 4, relief =
GROOVE)
    # 沿水平方向填充背景色,文字与边框间距为 10 像素
    lbl_welcome.pack(fill = 'x', ipadx =10, ipady =10, side = 'top')
    btn_ok = Button(main, text = "确定", bg = "#BDB76B", fg = '#660000', width = 10,
height =2)
    # 按钮与主窗口间距为 20 像素,与标签对象间距为 10 像素
    btn_ok.pack(side = 'left', padx =20, pady = '10px')
    btn_cancel = Button(main, text = "取消", bg = "#BDB76B", fg = '#660000', width = 10,
height =2)
    btn_cancel.pack(side = 'right', padx =20)
```

运行效果如图 9 - 6 所示。

图 9 – 6　控件的 pack 布局

2）绝对布局 place

可以指定控件放置位置和设定组件大小，灵活性好。位置由 x 和 y 值设置，控件大小由 width 和 height 设置。

示例：

```
    btn_1 = Button(main, text = '1', bg = '#F0F0F0', font = (",24,'bold'), borderwidth =
1, relief = 'ridge')
    btn_1.place(x =50 + 90 * 0, y =20 + 55 * 0, width =88, height =53)
    btn_2 = Button(main, text = '2', bg = '#F0F0F0', font = (",24,'bold'), borderwidth =
1, relief = 'ridge')
    btn_2.place(x =50 + 90 * 1, y =20 + 55 * 0, width =88, height =53)
    btn_3 = Button(main, text = '3', bg = '#F0F0F0', font = (",24,'bold'), borderwidth =
1, relief = 'ridge')
    btn_3.place(x =50 + 90 * 2, y =20 + 55 * 0, width =88, height =53)
    btn_4 = Button(main, text = '4', bg = '#F0F0F0', font = (",24,'bold'), borderwidth =
1, relief = 'ridge')
    btn_4.place(x =50 + 90 * 0, y =20 + 55 * 1, width =88, height =53)
    btn_5 = Button(main, text = '5', bg = '#F0F0F0', font = (",24,'bold'), borderwidth =
1, relief = 'ridge')
    btn_5.place(x =50 + 90 * 1, y =20 + 55 * 1, width =88, height =53)
    btn_6 = Button(main, text = '6', bg = '#F0F0F0', font = (",24,'bold'), borderwidth =
1, relief = 'ridge')
    btn_6.place(x =50 + 90 * 2, y =20 + 55 * 1, width =88, height =53)
    btn_7 = Button(main, text = '7', bg = '#F0F0F0', font = (",24,'bold'), borderwidth =
1, relief = 'ridge')
    btn_7.place(x =50 + 90 * 0, y =20 + 55 * 2, width =88, height =53)
    btn_8 = Button(main, text = '8', bg = '#F0F0F0', font = (",24,'bold'), borderwidth =
1, relief = 'ridge')
    btn_8.place(x =50 + 90 * 1, y =20 + 55 * 2, width =88, height =53)
    btn_9 = Button(main, text = '9', bg = '#F0F0F0', font = (",24,'bold'), borderwidth =
1, relief = 'ridge')btn_9.place(x =50 + 90 * 2, y =20 + 55 * 2, width =88, height =53)
```

运行结果如图 9 – 7 所示。

3）表格布局 grid

以行和列（网格）形式对控件进行排列，较为灵活。

grid 方法主要参数有：从 0 开始的行号 row 和列号 column，参数 sticky 用于设定控件在表格布局所处单元格方位，具体如图 9－8 所示。与 pack 布局一样，pack 方法中不可设置控件的高度和宽度。

图 9－7 控件的 place 布局

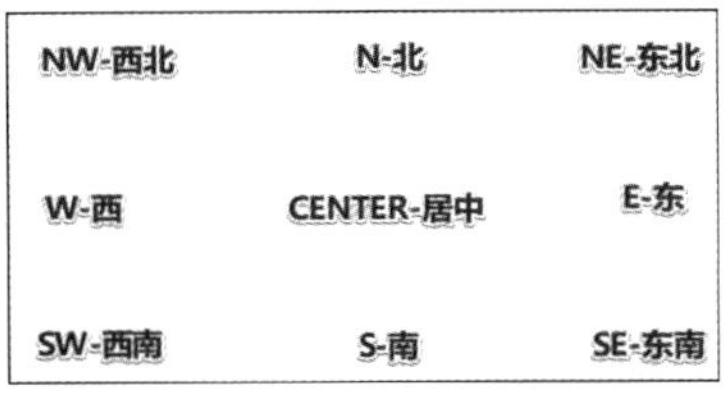

图 9－8 grid 布局的方位参数值

示例：

```
btn_1 = Button(main, text = '1', font = (",24,'bold'), borderwidth = 1, relief =
'ridge', width = 4)
   btn_1.grid(row = 0, column = 0, padx = 5, pady = 5)
   btn_2 = Button(main, text = '2', font = (",24,'bold'), borderwidth = 1, relief =
'ridge', width = 4)
   btn_2.grid(row = 0, column = 1, padx = 5, pady = 5)
   btn_3 = Button(main, text = '3', font = ('',24,'bold'), borderwidth = 1, relief =
'ridge', width = 4)
   btn_3.grid(row = 0, column = 2, padx = 5, pady = 5)
   btn_4 = Button(main, text = '4', font = (",24,'bold'), borderwidth = 1, relief =
'ridge', width = 4)
   btn_4.grid(row = 1, column = 0, padx = 5, pady = 5)
   btn_5 = Button(main, text = '5', font = (",24,'bold'), borderwidth = 1, relief =
'ridge', width = 4)
   btn_5.grid(row = 1, column = 1, padx = 5, pady = 5)
   btn_6 = Button(main, text = '6', font = (",24,'bold'), borderwidth = 1, relief =
'ridge', width = 4)
   btn_6.grid(row = 1, column = 2, padx = 5, pady = 5)
   btn_7 = Button(main, text = '7', font = (",24,'bold'), borderwidth = 1, relief =
'ridge', width = 4)
   btn_7.grid(row = 2, column = 0, padx = 5, pady = 5)
   btn_8 = Button(main, text = '8', font = (",24,'bold'), borderwidth = 1, relief =
'ridge', width = 4)
   btn_8.grid(row = 2, column = 1, padx = 5, pady = 5)
   btn_9 = Button(main, text = '9', font = (",24,'bold'), borderwidth = 1, relief =
'ridge', width = 4)
   btn_9.grid(row = 2, column = 2, padx = 5, pady = 5)
```

运行结果如图 9－9 所示。

图 9－9 控件的 grid 布局

注意，pack 和 grid 布局不能同时使用。综合考虑，计算器应用程序的布局比较复杂，因此采用绝对布局，程序代码如下。

2. 程序代码

```
# 使用统一字体元组
font_dig_res = ('黑体', 30, "bold")
font_dig = ('黑体', 20)
font_oth = ('宋体', 20)
# 第一行:结果标签
lbl_res = Label(main, font = font_dig_res, bg = '#E6E6E6', anchor = 'se', text = 0)
lbl_res.place(width = 360, height = 90)
# 第二行:操作按钮
btn_cle = Button(main, text = 'C', font = font_oth, bg = '#E0E0E0', borderwidth = 1,
relief = 'ridge')
  btn_cle.place(x = 90 * 0, y = 90 + 55 * 0, width = 88, height = 53)
  btn_bac = Button(main, text = '←', font = font_oth, bg = '#E0E0E0', borderwidth =
1, relief = 'ridge')
  btn_bac.place(x = 90 * 1, y = 90 + 55 * 0, width = 88, height = 53)
  btn_per = Button(main, text = '% ', font = font_oth, bg = '#E0E0E0', borderwidth =
1, relief = 'ridge')
  btn_per.place(x = 90 * 2, y = 90 + 55 * 0, width = 88, height = 53)
  btn_div = Button(main, text = ' ÷ ', font = font_oth, bg = '#E0E0E0', borderwidth =
1, relief = 'ridge')
  btn_div.place(x = 90 * 3, y = 90 + 55 * 0, width = 88, height = 53)
# 第三行:数字按钮
  btn_7 = Button(main, text = '7', font = font_dig, bg = '#F0F0F0', borderwidth = 1,
relief = 'ridge')
  btn_7.place(x = 90 * 0, y = 90 + 55 * 1, width = 88, height = 53)
  btn_8 = Button(main, text = '8', font = font_dig, bg = '#F0F0F0', borderwidth = 1,
relief = 'ridge')
  btn_8.place(x = 90 * 1, y = 90 + 55 * 1, width = 88, height = 53)
  btn_9 = Button(main, text = '9', font = font_dig, bg = '#F0F0F0', borderwidth = 1,
relief = 'ridge')
  btn_9.place(x = 90 * 2, y = 90 + 55 * 1, width = 88, height = 53)
  btn_mul = Button(main, text = 'x', font = font_oth, bg = '#E0E0E0', borderwidth = 1,
relief = 'ridge')
  btn_mul.place(x = 90 * 3, y = 90 + 55 * 1, width = 88, height = 53)
# 第四行:数字按钮
  btn_4 = Button(main, text = '4', font = font_dig, bg = '#F0F0F0', borderwidth = 1,
relief = 'ridge')
  btn_4.place(x = 90 * 0, y = 90 + 55 * 2, width = 88, height = 53)
  btn_5 = Button(main, text = '5', font = font_dig, bg = '#F0F0F0', borderwidth = 1,
relief = 'ridge')
  btn_5.place(x = 90 * 1, y = 90 + 55 * 2, width = 88, height = 53)
  btn_6 = Button(main, text = '6', font = font_dig, bg = '#F0F0F0', borderwidth = 1,
relief = 'ridge')
```

```
    btn_6.place(x = 90 * 2, y = 90 + 55 * 2, width = 88, height = 53)
    btn_sub = Button(main, text = ' - ', font = font_oth, bg = '#E0E0E0', borderwidth =
1, relief = 'ridge')
    btn_sub.place(x = 90 * 3, y = 90 + 55 * 2, width = 88, height = 53)
    # 第五行:数字按钮
    btn_1 = Button(main, text = '1', font = font_dig, bg = '#F0F0F0', borderwidth = 1,
relief = 'ridge')
    btn_1.place(x = 90 * 0, y = 90 + 55 * 3, width = 88, height = 53)
    btn_2 = Button(main, text = '2', font = font_dig, bg = '#F0F0F0', borderwidth = 1,
relief = 'ridge')
    btn_2.place(x = 90 * 1, y = 90 + 55 * 3, width = 88, height = 53)
    btn_3 = Button(main, text = '3', font = font_dig, bg = '#F0F0F0', borderwidth = 1,
relief = 'ridge')
    btn_3.place(x = 90 * 2, y = 90 + 55 * 3, width = 88, height = 53)
    btn_plu = Button(main, text = ' + ', font = font_oth, bg = '#E0E0E0', borderwidth =
1, relief = 'ridge')
    btn_plu.place(x = 90 * 3, y = 90 + 55 * 3, width = 88, height = 53)
    # 第六行:数字按钮
    btn_plu_sub = Button(main, text = ' ± ', font = font_oth, bg = '#E0E0E0', border-
width = 1, relief = 'ridge')
    btn_plu_sub.place(x = 90 * 0, y = 90 + 55 * 4, width = 88, height = 53)
    btn_0 = Button(main, text = '0', font = font_dig, bg = '#F0F0F0', borderwidth = 1,
relief = 'ridge')
    btn_0.place(x = 90 * 1, y = 90 + 55 * 4, width = 88, height = 53)
    btn_pnt = Button(main, text = '.', font = font_oth, bg = '#E0E0E0', borderwidth = 1,
relief = 'ridge')
    btn_pnt.place(x = 90 * 2, y = 90 + 55 * 4, width = 88, height = 53)
    btn_equ = Button(main, text = ' = ', font = font_oth, bg = '#E0E0E0', borderwidth =
1, relief = 'ridge')
    btn_equ.place(x = 90 * 3, y = 90 + 55 * 4, width = 88, height = 53)
```

3. 任务拓展

按钮控件有一个参数 command，用于处理点击事件，参数值是系统函数名或自定义函数名，系统函数无须定义，由 Python 解释器自动执行。如：

```
Button(main, text = "关闭", command = main.quit).pack(side = 'bottom')
```

main 是主窗口对象，quit 是主窗口对象的系统函数名，表示退出应用程序。用自定义函数处理按钮的点击事件时，需事先定义自定义函数。下例演示了自定义函数处理事件，其中，messagebox 是 Tkinter 模块库的信息提示框，其 showinfo 方法用于显示信息，第一个参数为信息框的标题，第二个参数是信息框的内容。

```
import tkinter.messagebox

# 自定义函数
def btn_click():
    tkinter.messagebox.showinfo("关于", "版权所有@Python")

Button(main, text = "关于", command = btn_click).pack(side = "bottom")
```

运行结果如图 9 – 10 所示。

图 9 – 10　自定义函数处理点击事件

任务 9.2.3

任务 9.2.3　输入框控件：账户验证

制作登录验证页面，并实现验证。账号不是 admin 时，提示"用户名不正确"；密码不是 "admin" 时，提示"密码不正确"；否则，提示"通过验证"。运行效果如图 9 – 11 所示。

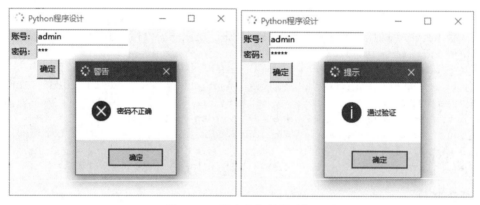

图 9 – 11　输入框与数据验证

1. 任务分析

输入框对象是用 Tkinter 模块的 Entry 标签来创建的，适合处理单行文本。它除了具备一些共有参数（属性）之外，textvariable 用来绑定动态数据对象，show 用来设置输入框中显示的字符，如 show = " * " 可实现密码框。输入框中文本的位置可以通过索引值（以 0 开始）、字符串"end"等来指定。

输入框对象常用的方法，包括：delete：根据索引值删除输入框内的值；get，获取输入框内容；set，修改输入框内容；insert，在指定的位置插入字符串；index，返回指定的索引值；select_clear，取消选中状态。

下面用一个简单示例介绍 Entry 对象的使用，通过绑定动态数据变量来提取、删除数据。

```
# 文本标签,采用表格布局
Label(main, text = "姓名:").grid(row = 0, padx = 5, pady = 5)
# 定义绑定输入框文本的动态数据变量
user = StringVar()
```

```
entName = Entry(main, textvariable = user)
entName.grid(row = 0, column = 1, padx = 5, pady = 5)

# 按钮函数
def ok_click():
    tkinter.messagebox.showinfo("个人信息", "姓名:%s" % user.get())

def del_click():
    entName.delete(0, "end")

# command 绑定按钮函数
btnOk = Button(main, text = "确定", command = ok_click)
btnOk.grid(row = 1, column = 1, sticky = "E", padx = 5, pady = 5)
# command 绑定按钮函数
btnDel = Button(main, text = "清空", command = del_click)
btnDel.grid(row = 1, column = 0, sticky = "W", padx = 5, pady = 5)
```

运行结果如图 9 – 12 所示。

图 9 – 12　输入框的使用

Entry 控件还提供了对输入内容是否合法的验证功能。validate 指定验证方式，是字符串类型值，包括 'focus'（获得或失去焦点的时候验证）、'focusin'（获得焦点的时候验证）、'focusout'（失去焦点的时候验证）、'key'（编辑的时候验证）、'all'（任何一种情况的时候验证）、'none'（默认值，不启用验证功能）；validatecommand 指定验证函数，该函数只能返回 True 或 Fasle；invalidcommand 表示 validatecommand 指定的验证函数返回 False 时，可以再指定一个验证函数。

结合上述知识，本任务主要代码如下。

2. 程序代码

```
def btn_click():
    if user.get() == "admin":
        if pwd.get() == "admin":
            messagebox.showinfo("提示", "通过验证")
        else:
            messagebox.showerror("警告", "密码不正确")
```

```
                    entPwd.focus()
            else:
                    messagebox.showerror("警告","用户名不正确")
                    entUser.focus()

# 文本标签,采用表格布局
Label(main, text = "账号:").grid(row = 0)
Label(main, text = "密码:").grid(row = 1)
# 动态数据变量
user = StringVar()
pwd = StringVar()
# 输入框
entUser = Entry(main, textvariable = user)
# 当焦点离开密码框时,激活验证命令事件 validatecommand
entPwd = Entry(main, textvariable = pwd, show = " * ", validate = "focusout", vali-
datecommand = btn_click)
# 控件采用 grid 布局
entUser.grid(row = 0, column = 1)
entPwd.grid(row = 1, column = 1)
btnOk = Button(main, text = "确定", command = btn_click)
btnOk.grid(row = 2, column = 1, sticky = "NW")
```

任务 9.2.4 文本框:制作简易编辑器

设计和制作一款简易文本编辑器,主要功能包括查看数据、撤销输入、恢复撤销,运行结果如图 9 – 13 所示。

图 9 – 13 简易文本编辑器

1. 任务分析

文本框对象是用 Tkinter 模块的 Text 标签来创建的,用于显示和编辑多行文本。除了基

本的共有属性之外，Text 控件可以通过参数设置选中文本背景、字体，设置每行间隔，Tab
键字符宽度，光标颜色和宽度，是否支持撤销操作等。文本框的内容通过文本框对象的 get
方法获取，它的第一个参数是首字符位置，第二个参数是最后一个字符位置。

2. 程序代码

```
# 参数说明：width 表示一行可见的字符数；height 表示显示的行数；undo 表示是否支持撤销；
autoseparators 表示执行撤销操作时是否自动插入一个"分隔符"
txtInfo = Text(main, width = 50, height = 20, undo = True, autoseparators = False)
# 文本框采用相对布局
txtInfo.pack(side = 'top')


# 查看按钮的单击处理函数
def showInfo():
    # 文本框内容通过 get 方法获取，'1.0'表示第一行第一个字符，'end'表示最后一行最后一个字符
    messagebox.showinfo("信息", txtInfo.get('1.0', 'end'))


# 创建三个按钮，分别用于撤销操作、显示信息、恢复操作，放在 Frame 控件中
frame = Frame(main)
frame.pack(side = "bottom")
btn1 = Button(frame, text = "撤销", command = txtInfo.edit_undo)
btn1.pack(side = 'left')
btn2 = Button(frame, text = "查看", command = showInfo)
btn2.pack(side = 'left')
btn3 = Button(frame, text = "恢复", command = txtInfo.edit_redo)
btn3.pack(side = 'right')
```

说明，Frame 是 Tkinter 库的一个容器类型标签。

任务 9.2.5　列表框：喜爱的程序设计语言

用列表框列出常用程序设计语言，单击"查看"按钮，显示所选项，运行效果如图 9 – 14
所示。

图 9 – 14　列表框的使用

1. 任务分析

列表框对象是用 Tkinter 模块的 Listbox 标签来创建的。除了共有属性之外，列表框控件特殊的属性主要有：listvariable，绑定一个 StringVar 类型的变量，该变量存放 Listbox 中所有的列表项，动态数据类型的变量是一个用空格分隔每个列表项的字符串，如 var. set("c c ++ java python")；selectmode，选择模式，可选"single"（单选）、"browse"（单选，但拖动鼠标或通过光标键可以改变选项，默认）、"multiple"（多选）和"extended"（多选，但需要同时按住 Shift 键或 Ctrl 键或拖拽鼠标实现）。

列表框控件主要的方法有：curselection，返回一个元组，包含被选中的选项序号（从 0 开始）；delete(first, last = None)，删除参数 first 到 last 范围内（含 first 和 last）的所有列表项；get(first, last = None)，返回一个元组，包含参数 first 到 last 范围内（含 first 和 last）的所有列表项的文本；size，返回 Listbox 组件中选项的数量；insert(index, item)，在索引 index 位置插入列表项 item；curselection，返回一个元组，包含被选中的选项序号（从 0 开始）；delete(first, last = None)，删除参数 first 到 last 范围内（包含 first 和 last）的所有选项。

2. 程序代码

```python
# 定义动态数据变量
var = StringVar()
# 为动态数据变量赋值
var.set("C Python Java JS")
# 创建列表框对象
lst = Listbox(main, bg = '#CCFF99', font = ('宋体', 16), listvariable = var, select-
mode = MULTIPLE)
lst.pack(side = 'top', fill = 'x')
# 动态数据变量存放选中的列表项,按钮处理函数
selItem = StringVar()


# 按钮点击事件函数
def show():
    s = "
    for i, id in enumerate(lst.curselection()):
        s + =lst.get(id) + "\n"
    if s ! = ":
        tkinter.messagebox.showinfo("您选中的有", s)


# 创建按钮
btn = Button(main, text = "查看", command = show)
btn.pack(side = 'bottom')
```

任务 9. 2. 6　下拉框：最喜爱的编程语言

在下拉框中列出 C、Python、Java、JS 四门编程语言，单击"查看"提示选中项。程序运行效果如图 9 – 15 所示。

图 9 - 15 下拉框的使用

1. 任务分析

下拉框控件 Combobox 并不包含在 Tkinter 模块中,而是包含在 tkinter. ttk 子模块中,需要执行 from tkinter. ttk import Combobox 导入组件。下拉框的属性和方法,与列表框的基本相同,常用的方法是 get 和 current,前者表示获取当前选中选项的内容,后者表示获取选中选项的索引值。

通过设置 values 参数值来初始化下拉框,参数值是字符串类型的元组,用下拉框对象的 get 方法获取选中项。

2. 程序代码

```
Label(main, text = "您最喜欢的编程语言是").pack(side = 'top', pady =10)
# 创建下拉框对象
cbb = Combobox(main, font =('宋体', 16), values =('C','Python','Java','JS'))
cbb.pack(side = 'top', pady =10)

# 按钮处理函数
def show():
    messagebox.showinfo("您选中的是", cbb.get())

# 创建按钮
btn = Button(main, text = "查看", command = show)
btn.place(x =200, y =220)
```

任务 9. 2. 7 单选框:最喜爱的编程语言

使用单选框控件实现任务 9.2.6。效果如图 9 - 16 所示。

1. 任务分析

单选框对象是用 Tkinter 模块的 Radiobutton 标签来创建的。Radiobutton 控件是成组出现的,同组所有单选框控件都使用相同的动态数据变量。Radiobutton 除常用的共有属性之外,还具有一些其他属性,主要有:value,选中选项的取值;variable,绑定 Radiobutton 控件关联的动态数据变量,该变量的 get 方法能获取到选中的单选框对象的参数 value 的值,由此可用于判断用户选中了哪个选项。程序主要代码如下。

图 9 – 16　单选框的使用

2. 程序代码

```
Label(main, text = "您最喜欢的编程语言是").pack( pady =10)
# 创建动态数据变量,用于处理整数类型的变量
selValue = IntVar()
selValue.set(0)
# 创建单选框按钮组,使用相对布局
Radiobutton(main, text = "C", variable = selValue, value =0).pack(anchor = 'w')
Radiobutton(main, text = "Java", variable = selValue, value =1).pack(anchor = 'w')
Radiobutton(main, text = "Python", variable = selValue, value =2).pack(anchor = 'w')
Radiobutton(main, text = "JS", variable = selValue, value =3).pack(anchor = 'w')
items = ("C", "Java", "Python", "JS")


# 按钮处理函数
def show():
    messagebox.showinfo("您选中的是", items[selValue.get() -1])


# 创建按钮
btn = Button(main, text = "查看", command = show)
btn.pack(side = 'bottom')
```

任务 9. 2. 8　复选框: 选择您的爱好

设计并制作多项选择页面, 并获取选择结果, 运行效果如图 9 – 17 所示。

1. 任务分析

复选框对象是用 Tkinter 模块的 Checkbutton 标签来创建的。除常用的共有属性之外, 还具有一些其他属性, 如: variable, 与复选框控件关联的动态数据变量, 选中时由 onvalue 参数指定, 默认是 1, 未选中时由 offvalue 参数指定, 默认是 0; textvariable, 绑定动态数据类型对象, 用它可改变复选框显示的内容。获取选择框的结果用关联的动态数据变量的 get 方法来获取。主要程序代码如下。

图 9 - 17　多选框的使用

2. 程序代码

```
Label(main, text = "您喜欢的编程语言有哪些?").grid(row = 0, column = 0)
# 创建动态数据变量,用于处理整数类型的变量
check1 = IntVar()
check2 = IntVar()
check3 = IntVar()
check4 = IntVar()
# 创建复选框按钮组,使用相对布局
Checkbutton(main, text = "C", variable = check1, onvalue = 1, offvalue = 0).grid
(row = 1, column = 0)
Checkbutton(main, text = "Java", variable = check2, onvalue = 1, offvalue = 0).grid
(row = 1, column = 1)
Checkbutton(main, text = "Python", variable = check3, onvalue = 1, offvalue = 0).grid
(row = 2, column = 0)
Checkbutton(main, text = "JS", variable = check4, onvalue = 1, offvalue = 0).grid
(row = 2, column = 1)

# 按钮点击处理函数
def show():
    if(check1.get() == 0 and check2.get() == 0 and check3.get() == 0 and
check4.get() == 0):
        s = "您未选择语言"
    else:
        s1 = "C" if check1.get() == 1 else ""
        s2 = "Java" if check2.get() == 1 else ""
        s3 = "Python" if check3.get() == 1 else ""
        s4 = "JS" if check4.get() == 1 else ""
        s = "您选择了 %s %s %s %s" % (s1, s2, s3, s4)
    messagebox.showinfo("您的爱好是", s)

# 创建按钮
btn = Button(main, text = "查看", command = show)
btn.grid(row = 3, column = 1)
```

213

在上述示例中大量使用了对话框控件，这里没有展开。滚动条、菜单、画布等更多控件的使用请自行查阅相关资料学习。

项目小结

本项目中，介绍了 Python 自带的 GUI 库——Tkinter 模块。使用 tkinter. Tk( )创建主窗口对象，然后在主窗口对象中放置业务所需的各种控件，并设置样式和事件处理函数。常用的控件包括 Label 标签、Button 按钮、Entry 输入框、Text 多行文本框、Combobox 下拉框、List-box 列表框、Radiobutton 单选框、Checkbutton 复选框等，更多的控件用法类似。注意，下拉框对象是用对象自身的 get 方法获取选择项，其他控件对象通过绑定动态数据变量来获取或设置数据。

本书最后一个任务"学生信息管理系统的设计与实现"使用了 Tkinter 模块，该项目任务还涉及确认对话框、滚动条、Frame 等控件，并使用了登录窗口到主窗口的切换，请参考本项目进行学习。

习　题

一、选择题

1. 使用 Tkinter 设计窗体时，Text 控件的属性不包含（　　　）。

A. bg
B. command
C. bd
D. font

2. 使用 Tkinter 设计窗体时，Button 按钮的状态不包含（　　　）。

A. enabled
B. disabled
C. active
D. normal

3. 控件的布局不包含（　　　）方法。

A. pack( )
B. grid( )
C. place( )
D. get( )

4. 用于创建单行输入文本的容器控件是（　　　）。

A. List
B. Combobox
C. Entry
D. Label

5. 使用 place( )方法布局控件时，下面（　　　）属性取值不在 0.0 ~ 1.0 之间，根据窗体宽度和高度的比例取值。

A. rely
B. relx
C. y
D. relwidth

6. 使用 grid( )方法对控件进行布局时，（　　　）参数用于设置控件要跨越的行数。

A. columnspan
B. row
C. rowspan
D. column

7. 使用多个单选按钮构成一个控件组，应将这些单选按钮的（　　　）属性绑定在同一控制变量。

A. varailbe
B. value
C. command
D. text

8. 列表框的 selectmode 属性用于指定列表框的选择模式，其默认值为（　　　）。

A. MULTIPLE
B. BROWSE
C. EXPANDED
D. SINGLE

9. （多选题）下列控件中，包含在 tkinter. ttk 子模块中的有（　　　）。

A.　Combobox　　　　B.　Progressbar　　　　C.　Separator　　　　D.　Treeview

二、填空题

1. 创建按钮时使用参数_____用于指定单击按钮时执行的函数。

2. Tkinter 的常用组件中的_____是指画布，是用于绘制直线、椭圆、多边形等各种图形的画。

3. root =_____用于创建应用程序窗口。

4. 调用菜单控件的_____方法可以使菜单在右击的位置显示。

5. tkinter 的常用组件中的_____是指单选按钮，同一组中的单选按钮任何时刻只能有一个处于选中状态。

6. 子窗口控件实例可以通过 Tkinter 模块中的_____来创建。

7. 滚动条实例可以通过调用 Tkinter 模块中的_____来创建。

8. Tkinter 模块是 Python 提供的标准 GUI 开发工具包，创建_____时，首先要导入该模块。

三、程序设计题

1. 利用 Tkinter 模块制作一个电子时钟。

2. 编写程序，通过 grid 布局方式制作一个学生信息录入系统的用户界面。

3. 编写程序，使用标签显示一行文本，可以通过一组单选按钮设置文本字号，并通过另一组单选按钮设置文本颜色。

4. 编写程序，为主窗口添加主菜单系统，主菜单包括"文件""编辑""格式"和"帮助"等下拉菜单，每个下拉菜单包含一些菜单命令，通过标签显示所选择的菜单命令。

项目 **10**
高级应用

作为当前主流的程序开发语言，Python 支持操作各种数据库，支持多线程编程，支持网络编程，可开发图形化应用程序，还可开发 Web 应用程序。这里以任务的方式介绍使用第三方模块 pymysql 来连接和管理 MySQL 数据库，用 threading 模块进行多线程编程，用 socket 套接字实现网络通信，涉及的知识包括 Python 基础知识、数据库技术、多线程技术、套接字技术等。

项目任务

- 使用 pymysql 模块操作 MySQL 数据库
- 网络聊天室
- 综合项目：学生信息管理系统的设计和实现

学习目标

- 了解关系型数据库 MySQL
- 掌握 Python 操作 MySQL 数据库
- 掌握 Python 的多线程编程
- 掌握 Python 的网络编程
- 全面应用 Python 知识来设计和实现完整项目

任务 10.1 使用 pymysql 模块操作 MySQL 数据库

MySQL 是一款流行的关系型数据库管理系统，大量中小企业采用 MySQL 存储和管理数据库。这里将介绍 MySQL 数据库基本操作及客户端工具 Navicat for MySQL，包括创建数据库、表的 SQL 语句基本语法，实现记录增删改查的 SQL 语句基本语法，以及使用 Python 的第三方模块 pymysql 管理 MySQL 数据库表的一般过程。

任务 10.1.1　MySQL 数据库：建库和建表

分别在图形化模式和命令模式创建数据库 school，创建数据表 stuinfo，数据表结构包括学号（4 位字符型）、姓名（10 位变长字符型）、班级（20 位变长字符型）、性别（1 位字符型）、年龄（整型）、电话（20 位变长字符型）。

1. 任务分析

Windows 环境下的 MySQL 数据库相关安装和配置请自行查阅相关资料，这里使用 Navicat for MySQL 管理数据库，Navicat for MySQL 支持在图形化模式操作数据库表，也支持执行 SQL 语句或 SQL 文件。

通过 Navicat for MySQL 连接到本地或远程 MySQL 数据库后，可以通过图形界面或 SQL 语句创建数据库表，对记录进行增删改查操作，本任务的 SQL 代码放到程序代码中，这里主要介绍 SQL 语句基本语法结构。

1）创建数据库 school

使用图形化模式创建数据库，如图 10 - 1 所示。

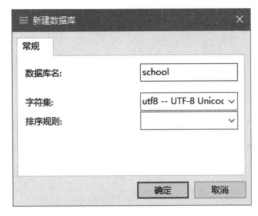

图 10 - 1　新建数据库

使用命令创建数据库，基本语法：

```
CREATE DATABASE [IF NOT EXISTS] <数据库名> [[DEFAULT] CHARACTER SET <字符集名>]
[[DEFAULT] COLLATE <校对规则名>];
```

说明，关键字建议用大写英文字母，[ ] 指包含的部分可选，在 MySQL 命令行的客户端中 SQL 语句以 "；" 结束。

2）创建数据表

一个数据库包含了与业务相关的许多表，每个表包含许多字段（列），每个字段包括名称、数据类型、长度、是否允许空值，可以将表的一个或多个字段设置为主键，主键可确保数据表中所有记录在该列保持唯一。

按任务要求，使用图形化模式创建数据表 stuinfo，数据类型类似于一般程序设计语言的数据类型，如图 10 - 2 所示。

用 SQL 语句创建数据表的语法：

```
CREATE TABLE <表名> ([表定义选项])[表选项][分区选项];
#只需关注[表定义选项]，其语法格式是：<列名 1> <类型 1>[,…;<列名 n> <类型 n>]
[,PRIMARYKEY('列名')]
```

图 10 - 2   创建数据表

说明，PRIMARY KEY 用于设置表的主键，主键是一种约束，表的数据中，主键列必须有值且唯一。NULL 表示该列的值允许空白，COMMENT 表示该列的注释，表名和列名可以用反引号"""引起来。

3）数据操作

在图形化模式下对记录的增、删、改、查操作比较简单，如新增，只需在新行依次输入各列值，各列必须符合数据表定义的要求，比如类型一致、不超出长度、符合主键要求、符合空值要求等。

接下来只介绍用 SQL 语句实现数据的增删改查。

（1）增加记录

用 SQL 语句插入（增加）数据的语法：

```
INSERT INTO <表名> ( <列名1> [,… <列名n>]) VALUES(值1 [,…, 值n] );
```

示例：

```
INSERT INTO 'stuinfo'('id','name','classname','sex','age','phone') VALUES('0102','李斯','22 计算机 1 班','男',19,'177777777')。
```

（2）删除

用 SQL 语句修改数据的语法：

```
DELETE FROM <表名> [WHERE 子句] [ORDER BY 子句] [LIMIT 子句]
```

注意，ORDER BY 子句：可选项，表示删除时，表中各行将按照子句中指定的顺序进行删除；WHERE 子句：可选项，表示为删除操作限定删除条件，若省略该子句，则代表删除该表中的所有行；LIMIT 子句：可选项，用于告知服务端在控制命令被返回到客户端前被删除行的最大值。

示例：

```
DELETE FROM 'stuinfo' WHERE 'id' = '0101'
```

（3）修改

用 SQL 语句修改数据的语法：

```
UPDATE <表名> SET 字段1=值1[,字段2=值2…][WHERE 子句][ORDER BY 子句][LIMIT 子句];
```

示例：

```
UPDATE 'stuinfo' SET 'age'=20 WHERE 'id'='0101'
```

（4）查询

查询语句较为复杂，SQL 语句语法：

```
SELECT {*|<字段列名>}[FROM <表1>,<表2>…[WHERE <表达式>[GROUP BY <group
by definition>[HAVING <expression>[{<operator> <expression>}…]][ORDER BY <
order by definition>][LIMIT[<offset>,]<row count>]];
```

说明：{*|<字段列名>}属于必需项，*是列出所有列；WHERE 子句为条件查询；
ORDER BY 子句用于排序；LIMIT 子句为限制返回数据的行数。表名和列名都可以使用别
名，比如多表联查时存在表间列名重名时，可使用别名，用法：'表或列名'AS'别名'。

从学生信息表中查询年龄超过 18 岁的前 10 条记录，SQL 语句为：

```
SELECT * FROM 'stuinfo' WHERE 'age'>18 LIMIT 10
```

本教材主要讲解 Python 程序设计，数据库、表相关命令和语句只作进行基础性介绍。
数据库原理与应用课程非常专业地讲解数据库方面的原理和操作，有兴趣的同学请学习相关
课程。

理解了上述 SQL 语句的语法结构后，实现本任务的 SQL 代码如下。

2. 程序代码

```
# 创建数据库
CREATE DATABASE IF NOT EXISTS school DEFAULT CHARACTER SET utf8;
# 切换数据库
UES school;
# 创建数据表
CREATE TABLE 'stuinfo' ('id' char(4) NOT NULL COMMENT '学号','name' varchar(10)
NULL COMMENT '姓名','classname' varchar(20) NULL COMMENT '班级','sex' char(1) NULL
COMMENT '性别','age' int NULL COMMENT '年龄','phone' varchar(20) NULL COMMENT '电话',
PRIMARY KEY ('id'));
# 新增一条记录
INSERT INTO 'stuinfo'('id','name','classname','sex','age','phone') VALUES
('0101','张姗','22 计算机1班','女',18,'1688888888');
# 修改一条记录,将学号为"0101"的学生班级修改成"22 计算机2班",年龄修改为20
UPDATE 'stuinfo' SET 'classname'='22 计算机2班','age'=20 WHERE 'id'='0101';
# 查询数据,查询条件:"22 计算机2班"年龄超过17岁
SELECT 'id' AS '学号','name' as '姓名' FROM 'stuinfo' WHERE 'classname'='22 计算机
2 班' and 'age'>17;
# 删除记录,删除条件:"男"性
DELETE FROM 'stuinfo' WHERE 'sex'='男';
```

任务 10.1.2

任务 10.1.2　pymysql 模块：记录的增加和查询

用 pymysql 模块连接本地 MySQL 数据库 school，用 pymysql 模块对表 stu-info 新增一条记录，数据自拟。最后查询所有记录，只输出前 5 条。

1. 任务分析

用 pymysql 操作数据库表的基本操作步骤：

1）导入 pymysql 模块

```
import pymysql
```

2）用 pymysql 的 Connect 方法创建数据库连接对象

该方法需要传入的参数包括：host 数据库服务端名称或 IP 地址、port 数据库服务端口号、user 和 password 数据库登录用户名和密码、db 数据库名、charset 数据库使用的字符集。

示例：

```
db_conn = pymysql.Connect(host = 'localhost', port = 3306, user = 'root', password = 'root', db = 'school', charset = 'utf8')
```

3）用数据库连接对象创建游标对象

```
cur = db_conn.cursor()
```

4）游标对象执行 SQL 语句，SQL 语句为一个字符串

```
cur.execute(sql 语句)
```

5）根据对记录的操作类型来选择

①插入、修改、删除数据：未设置默认自动提交时，用数据库连接对象主动提交。

```
db_conn.commit()
```

②查询数据：用游标对象的 fetchall() 方法获取结果集元组。在结果集中，每条数据也是以元组形式存储的。

```
result = cur.fetchall()
```

6）关闭游标对象和数据库连接对象

```
cur.close()
db_conn.close()
```

在 MySQL 控制台执行 SQL 语句要以英文分号 "；" 结束，程序中 SQL 语句字符串末尾无须带分号。pymysql 模块中，新增、修改、删除的操作过程完全相同，本任务只演示新增和查询过程。

2. 程序代码

```
import pymysql
db_conn = pymysql.Connect(
    host = '127.0.0.1',
    port = 3306,
```

```
        user = 'root',
        password = 'root',
        db = 'school',
        charset = 'utf8'
    )
cur = db_conn.cursor()
# 插入操作
sql = 'INSERT INTO 'stuinfo' values("0103","王五","22 计算机 1 班","男",19,
"138888888")'
cur.execute(sql)
db_conn.commit()
# 查询操作
sql = 'SELECT * FROM 'stuinfo' LIMIT 5'
cur.execute(sql)
result = cur.fetchall()
for item in result:
        print(item)
cur.close()
db_conn.close()
```

运行结果

```
('0101', '张姗', '22 计算机 2 班', '女', 20, '1688888888')
('0102', '李斯', '22 计算机 1 班', '男', 19, '177777777')
('0103', '王五', '22 计算机 1 班', '男', 19, '138888888')
```

查询结果表明，用游标对象获取的可迭代对象的数据是元组形式。

任务 10.2　网络聊天室

网络聊天室的核心是网络通信，Python 通过内置的 socket 模块实现网络中两个结点通信。网络通信要求服务端程序一直监听来自客户端的连接，需要一个线程处理；同时，还需要与客户端交换数据，也要求有一个线程单独处理，因此，网络聊天室必然要用到多线程技术。Python 内置的 threading 模块可以实现程序的多线程。

任务 10.2.1　threading 模块：实现多线程

任务 10.2.1

编写多线程程序，启动两个子线程，在控制台显示系统依次运行的线程信息，每个线程输出 5 条信息。

1. 任务分析

线程可简单理解为程序执行的一个任务，介绍的控制台应用程序都是单个线程的。多线程 Multithreading 是指通过软件或硬件实现多个线程并发执行的技术。也就是系统同时运行多个任务，从而提升系统性能。

Python 启动的第一个线程是主线程。主线程必然是父线程。由父线程启动线程称为子线程。如线程 A 启动了线程 B，那么 A 是主线程，B 是子线程。

多线程处理主要步骤：

1）导入 threading 模块

```
import threading
```

2）创建子线程调用的对象

一般子线程调用的对象是目标函数，如

```
def f():
    print("这是子线程的运行代码")
```

3）创建子线程对象，语法：

```
# 在主线程中创建子线程
mythread = thread.Thread(name = Tread - x, target = None, args = (), daemon = None)
```

其中，name 是子线程的名称，默认是 Tread - x，第一个子线程是 Thread - 1，依此类推；target 是子线程的目标函数，也就是事先定义好的函数，只需传函数名；args 是子线程目标函数接收的参数，以元组形式传入；daemon 用来设置线程是否随主线程退出而退出，建议设置为 True。如：

```
threading.Thread(name = "test", target = f, args = (1,))
```

4）执行子线程对象的 start 方法启动线程

```
mythread.start()
```

本任务线程执行的目标函数的函数体是循环 5 次输出当前执行的线程信息，为了更清楚了解各个线程执行情况，循环体中使用休眠 1 秒语句。通过主程序线程创建并启动两个子线程，注意，启动子线程后，主线程依然正常运行，整个程序将有三个线程执行。

2. 程序代码

```
import threading
import time
# 子线程都会调用 fun 函数,参数 t 是传入线程的编号
def fun(t):
    for i in range(5):
        print("正在运行线程{}的代码 \n".format(t))
        time.sleep(1) #休眠 1 秒

# 创建子线程 1
thead1 = threading.Thread(name = "t1", target = fun, args = (1,))
# 创建子线程 2
thead2 = threading.Thread(name = "t2", target = fun, args = (2,))
# 启动子线程 1
thead1.start()
# 启动子线程 2
thead2.start()
for i in range(5):
    print("正在运行主线程的代码 \n")
    time.sleep(1) #休眠 1 秒
```

程序运行结果

```
正在运行线程 1 的代码
正在运行线程 2 的代码
正在运行主线程的代码
正在运行主线程的代码
正在运行线程 1 的代码
正在运行线程 2 的代码
正在运行线程 2 的代码
正在运行线程 1 的代码
正在运行线程 1 的代码
正在运行主线程的代码
正在运行主线程的代码
正在运行线程 1 的代码
正在运行线程 2 的代码
正在运行线程 1 的代码
正在运行主线程的代码
正在运行线程 2 的代码
```

从上述结果看出，三个线程执行顺序没有规律可言，三个线程交错运行，具体运行顺序由 CPU 给三个线程分配的时间片段来决定。多次运行程序，可以看到每次结果都不同。

任务 10.2.2　socket 模块：实现网络通信

编写一个网络通信系统，可实现服务端和客户端简单通信。

任务 10.2.2

1. 任务分析

网络编程一方面要使用 socket 技术，另一方面要用到多线程技术来处理来自不同客户端的任务。socket 套接字实现网络通信，它由服务端和客户端组成。

首先用命令 import socket 导入模块，接下来按下列步骤进行服务端和客户端编码。

1）服务端

创建套接字对象，套接字对象绑定服务端的 IP 地址和通信端口号，并开启监听。

①用 socket 模块的 socket 方法创建套接字对象。如：

```
server = socket.socket(socket.AF_INET, socket.SOCK_STREAM)
```

方法的第一个参数表示 Address Family，可以选择 AF_INET（用于 Internet 进程间通信）、AF_UNIX（用于同一台机器进程间通信）、AF_INET6（用于 IPv6 设备进程间通信），一般用 AF_INET。第二个参数表示 Type，可以选择 SOCK_STREAM（流式套接字，主要用于 TCP 协议）或者 SOCK_DGRAM（数据报套接字，主要用于 UDP 协议）。

②准备套接字绑定的服务端地址，一般由 IP 字符串地址和端口号组成的元组。如：

```
server_addr = ('127.0.0.1', 6666)
```

③用服务端套接字对象的 bind 方法进行绑定。如：

```
server.bind(server_addr)
```

④用服务端套接字对象的 listen 方法开启监听。如：

```
server.listen(128)
```

参数 128 表示服务端运行排队数量是 128。

2）客户端

创建套接字对象，根据提供的服务端 IP 地址和通信端口号连接服务端。

客户端创建套接字及连接服务端代码类似，以下是示例。

```
client = socket.socket(socket.AF_INET, socket.SOCK_STREAM)
server = ('127.0.0.1', 6666)
client.connect(server)
```

3）服务端

收到客户端连接信息，并接收客户端发送的信息，直到客户机中断通信。

使用 while(True)结构接收来自客户端的连接套接字和地址，再用客户端连接套接字对象获取数据，如：

```
# 返回客户端 socket 和地址,地址是客户端 IP 字符串地址和端口号的元组
client_socket, addr = server.accept()
# 接收到客户端的数据,参数是字节长度
client_socket.recv(1024)
```

4）客户端

向服务端发送信息，并接收来自服务端的信息。

```
data = msg.encode('utf-8')
# 客户端向服务端发送消息
client.send(data)
```

其中，data 是对发送的消息字符串用指定字符集（如 UTF-8）编码后的数据。

客户端接收来自服务端的数据过程和服务端接收客户端数据完全相同，这里不做介绍。基于上述知识，本任务的程序代码如下。

2. 程序代码

服务端：

```
import socket
server_socket = socket.socket(socket.AF_INET, socket.SOCK_STREAM) # 创建 socket 对象
server_addr = ('127.0.0.1', 6666)
server_socket.bind(server_addr)
server_socket.listen(128)
print('Socket 服务使用地址%s 监听于%s 端口' % (server_addr[0], server_addr[1]))
# 异常处理
try:
    print("正在等待客户端的连接请求 ...")
    client_socket, client_addr = server_socket.accept()
    print("客户端%s 使用端口%s 连接" % client_addr)
except ConnectionResetError:
    print('连接异常 .')
    exit(0)
```

```
while True:
    data = client_socket.recv(1024)
    if data.decode() == 'exit':
        print("客户端[%s]退出" % client_addr[0])
        break
    print("收到来自[%s]的信息:%s" % (client_addr[0], data.decode()))
```

客户端：

```
import socket
import time
client_socket = socket.socket(socket.AF_INET, socket.SOCK_STREAM)
server_add = ('127.0.0.1', 6666)
client_socket.connect(server_add)
msg = '你好'
data = msg.encode('utf-8')
client_socket.send(data)
# 延时的目的是让服务端先接收以上信息
time.sleep(1)
msg = 'exit'
data = msg.encode('utf-8')
client_socket.send(data)
```

客户端只发送两条信息，服务端运行结果为：

```
Socket 服务使用地址 127.0.0.1 监听于 6666 端口
正在等待客户端的连接请求 ...
客户端 127.0.0.1 使用端口 61215 连接
收到来自[127.0.0.1]的信息:你好
客户端[127.0.0.1]退出
```

任务 10.2.3　socket、threading、tkinter：实现网络聊天室

要求用图形化用户界面制作一个网络聊天室系统，包括服务端和客户端，支持多个客户端同时上线聊天。

1. 任务分析

一个完整的网络聊天应用，服务端需要接收来自不同客户端的连接请求和会话，需要为每个连接创建一个线程。客户端要创建一个线程用于处理来自服务端的会话。本任务主要技术点包括 tkinter、多线程、socket、异常处理等。

这里定义三个全局变量：用于记录聊天信息的 listContent 列表；用于存放连接套接字的 linked_socket 字典，键值对为 socket：不同线程的套接字；用于存放客户端连接信息的 users 字典，键值对为 addr：昵称。整个项目主窗口中的组件采用绝对 place 布局，下面是本任务的完整代码，用到的知识点全部来自本书，这里不再展开介绍。

2. 程序代码

服务端：

```
import socket
import tkinter
import threading

# 处理消息数据的函数
def msgShow(msg):
    listContent.append(msg)
    txtContent.set(listContent)

# 主函数
def main():
    global listContent        # 记录聊天信息
    global linked_socket       # 存放 socket 字典{socket:不同线程的套接字}
    global users               # 存放连接客户字典{addr:昵称}
    while True:
        try:
            msgShow("正在等待客户端的连接请求 ...")
            client_socket, client_addr = server_socket.accept()
            linked_socket[client_addr] = client_socket
            nickname = client_socket.recv(1024).decode('utf-8')
            users[client_addr] = nickname
            msgShow("[%s]进入聊天室" % nickname)
        except ConnectionResetError:
            msgShow('新的连接异常 .')
            exit(0)
        # 客户端线程
        thread = threading.Thread(target = chat, args = (nickname, client_sock-
et, client_addr), daemon = True)
        thread.start()

# 处理客户端聊天信息的函数
def chat(nickname, client_socket, client_addr):
    global listContent        # 记录聊天信息
    global linked_socket       # 存放 socket 字典{socket:不同线程的套接字}
    global users               # 存放连接客户字典{addr:昵称}
    while True:
        while True:
            data = client_socket.recv(1024)
            if data.decode() == 'exit':
                msgShow("[%s]退出" % nickname)
                break
            msgShow("收到来自[%s]的信息:%s" % (nickname, data.decode()))
            for linked_addr in linked_socket:
                # 遍历所有连接
                if linked_socket[linked_addr] ! = client_socket:
                    # 发送给其他客户端
```

```
                              data_new = "%s:%s" %(nickname, data.decode('utf-8'))
                              linked_socket[linked_addr].send(data_new.encode('utf-8'))


    if __name__ == '__main__':
        linked_socket = {}
        users = {}
        listContent = list()
        server_socket = socket.socket(socket.AF_INET, socket.SOCK_STREAM) # 创建
socket 对象
        server_addr = ('127.0.0.1', 6666)
        server_socket.bind(server_addr)
        server_socket.listen(128)
        mainwindow = tkinter.Tk()
        mainwindow.title("网络聊天室【服务端】")
        width = mainwindow.winfo_screenwidth()
        height = mainwindow.winfo_screenheight()
        mainwindow.geometry('400x300+%d+%d' % ((width - 400)/2,(height - 300)/2))
        txtContent = tkinter.StringVar(value =listContent)
        listContent.append('Socket 服务使用地址{}监听于{}端口'.format(server_addr
[0], server_addr[1]))
        txtContent.set(listContent)
        lst = tkinter.Listbox(mainwindow, listvariable = txtContent, bg = "#
ffffff", fg = "red",
                                          font = ('微软雅黑', 10, 'bold'), justify =
'left', width =300, height =400)
        lst.pack(side = 'top')
        # 监听线程
        tread_main = threading.Thread(target =main, daemon =True)
        tread_main.start()
        mainwindow.mainloop()
        server_socket.close()
```

客户端:

```
import socket
import tkinter
import threading

# 处理消息数据的函数,第一个参数是客户端昵称,第二个参数是消息字符串
def msgShow(name, msg):
    if name == "":
        listContent.append("%s" % msg)
    else:
        listContent.append("%s:%s" % (name, msg))
    txtContent.set(listContent)
```

```python
# 发送消息的函数
def send( * args):
    global nickname
    message = msg.get()
    if message ! = ":
        msgShow(nickname, message)
        data = message.encode('utf - 8')
        server_socket.send(data)
        msg.set("")


# 处理来自服务端数据的函数
def getInfo():
    while True:
        data = server_socket.recv(1024)
        msg = data.decode('utf - 8')
        msgShow(", msg)


# 处理关闭窗口时退出系统的函数
def over():
    server_socket.send("exit".encode('utf - 8'))
    exit(0)


# 建立客户端与服务端连接的函数
def link( * args):
    global nickname
    message = msg.get()
    if message ! = ":
        data = message.encode('utf - 8')
        server_socket.send(data)
        nickname = message
        # 连接成功后,销毁连接部分的组件
        lbl1.destroy()
        edt1.destroy()
        btn1.destroy()
        # 连接成功后,创建聊天部分的组件
        lbl2 = tkinter.Label(mainwindow, text = '输入聊天信息:', width = 20)
        lbl2.place(x = 5, y = 270)
        edt2 = tkinter.Entry(mainwindow, textvariable = msg, width = 150)
        edt2.place(x = 150, y = 270)
        edt2.bind(" < Return > ", send)
        btn2 = tkinter.Button(mainwindow, text = "发送", command = send, width = 6)
        btn2.place(x = 350, y = 270)
        msg.set("")
        # 监听来自服务端消息的线程
        tread_main = threading.Thread(target = getInfo, daemon = True)
        tread_main.start()


if __name__ == '__main__':
    nickname = "
```

```
listContent = list()
# 创建主窗口对象
mainwindow = tkinter.Tk()
mainwindow.title("网络聊天室【客户端】")
width = mainwindow.winfo_screenwidth()
height = mainwindow.winfo_screenheight()
mainwindow.geometry('400x300 + %d + %d' % ((width - 400) /2,(height - 300) /2))
txtContent = tkinter.StringVar(value = listContent)
lst = tkinter.Listbox(mainwindow, listvariable = txtContent, bg = "#ffffff",
fg = "red",
            font =('微软雅黑', 10, 'bold'), justify = 'left', width =300, height =300)
lst.pack(side = 'top')
lbl1 = tkinter.Label(mainwindow, text = '输入您的昵称:', width =20)
lbl1.place(x =5, y =270)
msg = tkinter.StringVar()
edt1 = tkinter.Entry(mainwindow, textvariable = msg, width =150)
edt1.place(x =150, y =270)
edt1.bind(" <Return >", link)
btn1 = tkinter.Button(mainwindow, text ="连接", command = link, width =6)
btn1.place(x =350, y =270)
server_socket = socket.socket(socket.AF_INET, socket.SOCK_STREAM)
server_add = ('127.0.0.1', 6666)
server_socket.connect(server_add)
# 关闭主窗口之前运行回调函数 over,处理与服务端断开连接事务
# WM_DELETE_WINDOW 是主窗口与应用程序间的通信协议,表示将销毁窗口
mainwindow.protocol("WM_DELETE_WINDOW", over)
mainwindow.mainloop()
server_socket.close()
```

开启服务端，再开启两个客户端，网络聊天室系统的服务端运行结果如图 10 – 3 所示，客户端运行结果如图 10 – 4 所示。

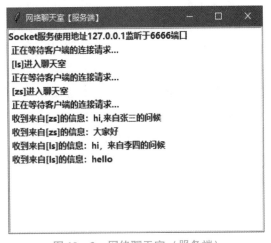

图 10 – 3 网络聊天室（服务端）

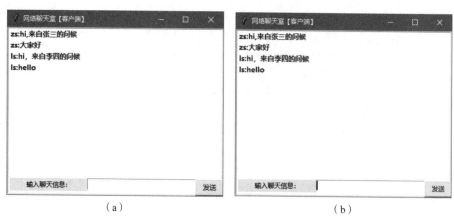

（a）　　　　　　　　　　　　　　　（b）

图 10 – 4　网络聊天室（客户端）

图 10 – 4 中，图 10 – 4（a）是匿名为"张三"的用户聊天信息，图 10 – 4（b）是匿名为"李四"的聊天信息。

项目小结

本项目介绍了 MySQL 数据库的基本操作、使用 pymsql 第三方模块库管理数据库、多线程技术和网络套接字技术。

习　题

一、选择题

1. pymysql 中函数用于执行 SQL 语句的是（　　　）。

A. select　　　　　　　　B. cursor　　　　　　　　C. fetch　　　　　　　　D. execute

2. pymysql 中的（）函数用于将某个操作提交到数据库。

A. commit　　　　　　　B. submit　　　　　　　C. rollback　　　　　　D. update

3. 如果希望在一个程序中同时运行多个任务，那么较好的办法是（　　　）。

A. 使用多个进程　　　　　　　　　　　　B. 使用多线程

C. 编写多个函数分别调用　　　　　　　　D. 使用多个模块

4. 在 Python 中编写自定义的线程类时，从（　　　）基类继承。

A. threading　　　　　　B. ThreadPool　　　　　C. Task　　　　　　　　D. Thread

5.（多选题）关于使用多线程的说法，不正确的是（　　　）。

A. 使用多线程后，程序运行速度一定会提升

B. 使用多线程可以防止主线程被阻塞

C. 能够充分利用多核 CPU

D. 每个线程完全独立，线程之间无法通信

6.（多选题）使用多线程的好处有（　　　）。

A. 程序运行得更快　　　　　　　　　B. 防止主线程被阻塞

C. 能够充分利用多核 CPU　　　　　　D. 能够更好地保护共享数据

二、填空题

1. 线程数量过多时，会产生较多的线程_____开销。

2. MySQL 数据库的 SQL 语言中，用于排序的是_____子句。

3. Python 启动的第一个线程是_____线程，由父线程启动线程称为_____线程。

4. 启动线程的方法是_____。

5. Python 官方提供的网络通信的模块是_____。

三、程序设计题

1. 创建一个新线程，实现对某共享数据的访问操作，并且在操作过程中应遵守线程锁的使用原则。

2. 创建一个新线程，在其中运行 Fibonacci 序列计算函数，并估算该函数的运行时长。

3. 设计教材数据库表，至少包括教材名称、出版日期、出版社、ISBN、价格，用 MySQL 保存。编写一个控制台应用程序，能对教材记录进行增、删、改、查操作。

4. 制作一个文本编辑器，支持新建、打开、保存等功能。

5. 采用面向对象程序设计，设计一款计算器，并完成基本的四则运算功能。

参 考 文 献

［1］赵增敏，黄山珊，张瑞. Python 程序设计［M］. 北京：机械工业出版社，2018.

［2］董付国. Python 程序设计实例教程［M］. 北京：机械工业出版社，2019.

［3］董付国. Python 程序设计基础与应用［M］. 北京：机械工业出版社，2021.

［4］张玉叶，王彤宇. Python 程序设计项目化教程［M］. 北京：人民邮电出版社，2021.

［5］黑马程序员. Python 快速编程入门［M］. 北京：人民邮电出版社，2021.

［6］刘德山，杨洪伟，崔晓松. Python 程序设计［M］. 北京：人民邮电出版社，2022.

［7］北京中软国际信息技术有限公司. 数据应用开发与服务（Python）（初级）［M］. 北京：高等教育出版社，2022.

［8］尤新华，闫攀，刘亚杰. Python 程序设计案例教程（慕课版）［M］. 北京：人民邮电出版社，2023.

［9］高登，敖凌文，廖瑞映. Python 基础与办公自动化应用［M］. 北京：人民邮电出版社，2022.